科学のアルバム

メダカのくらし

草野慎二

あかね書房

もくじ

監修●農学博士 出口吉昭
構成●渡辺一夫
イラスト●森上義孝
むかいながまさ
渡辺洋二
林 四郎
装丁●画 工 舎

科学のアルバム

メダカのくらし

草野慎二（くさの　しんじ）

一九四二年、東京都に生まれる。
一九六〇年、藤沢商業《しょうぎょう》高等学校卒業《そつぎょう》後《ご》、サラリーマン生活を送る。
一九七七年、義兄《ぎけい》で写真家の栗林慧《くりばやしさとし》氏《し》と共《とも》に、長崎に移《うつ》る。
翌年《よくねん》より、フリーの生物生態《せいたい》写真家として活動《かつどう》をはじめる。
以後《いご》、磯《いそ》の生物や両生類《りょうせいるい》を主に撮《と》りつづけている。
著書《ちょしょ》に「ジュニア写真動物記・カエル」（平凡社）、
「アメリカザリガニ」「カタツムリ」（共に集英社）、
「トノサマガエル」「カニのかんさつ」
「カマキリ観察事典」（共に偕成社）などがある。

メダカは、水田《すいでん》や
水田《すいでん》のそばを流《なが》れる小川《おがわ》、
池《いけ》や沼《ぬま》などにすむ、
日本《にっぽん》でいちばん
小《ちい》さな淡水魚《たんすいぎょ》です。
メダカたちが、水《みず》の底《そこ》
から顔《かお》をだしました。
もうすぐ春《はる》です。

春《はる》のおとずれ

春《はる》さきの、田植《たう》えまえのたんぼには、レンゲソウの花《はな》がさいています。春《はる》の日《ひ》ざしをあびて、そばを流《なが》れる小川《おがわ》の水《みず》も、だいぶぬるんできました。寒《さむ》い冬《ふゆ》のあいだ、じーっと水《みず》の底《そこ》で休《やす》んでいたメダカたちが、少《すこ》しずつ、春《はる》の日《ひ》だまりをもとめて、水面《すいめん》に姿《すがた》を見《み》せはじめました。

春《はる》の小川《おがわ》を、そーっと見《み》てごらん。メダカの群《む》れが見《み》られます。

メダカたちは、水温《すいおん》がセ氏《し》十二度《ど》前《ぜん》後《ご》になると、水面《すいめん》ちかくにでてきます。

→春《はる》の小川《おがわ》。田植《たう》えまえのたんぼは，レンゲソウの花《はな》ざかり。

↑日《ひ》だまりにあつまってきたメダカたち。メダカは，北海道《ほっかいどう》をのぞく日本中《にっぽんじゅう》の小川《おがわ》や池《いけ》，沼《ぬま》にすんでいます。全長《ぜんちょう》は，約《やく》3.5cm。

※この本《ほん》の舞台《ぶたい》は、九州《きゅうしゅう》（長崎《ながさき》）です。季節《きせつ》のうつりかわりも、九州《きゅうしゅう》が中心《ちゅうしん》になっています。

⬆日《ひ》あたりがよく，たんぼのわきのゆるやかな流《なが》れは，メダカたちのぜっこうのすみかです。２ひき，５ひき，８ぴきと，メダカたちがあつまってきました。

←ぶじに冬《ふゆ》をこしたメダカたちが、水面《すいめん》にでてきます。大《おお》きななかまは大《おお》きなものどうし、小《ちい》さななかまは小《ちい》さなものどうしで群《む》れをつくります。

➡上《うえ》の段《だん》の水田《すいでん》の水路《すいろ》からわずかに流《なが》れおちる水《みず》をたよりに、メダカたちが、何回《なんかい》もとびはねて、のぼろうとしています。いきおいをつけても、いちどに、十～二十センチメートルくらいしかのぼれません。

流《なが》れをのぼるメダカたち

五月《がつ》の声《こえ》をきくと、小川《おがわ》の水《みず》もあたたかさをましてきます。メダカたちのなかには、流《なが》れおちる水《みず》をたよりに、上《うえ》の段《だん》のたんぼの水《すい》路《ろ》へ、さかのぼっていくものもいます。

しかし、斜面《しゃめん》から流《なが》れおちる水《みず》が少《すく》ないと、命《いのち》がけです。はねたり、いきおいをつけても、少《すこ》ししかのぼれません。はねたひょうしに、水《みず》の流《なが》れからはずれて、どろだらけのメダカもいます。ふたたび水《みず》にもどれなければ、死《し》んでしまいます。こんなとき、鳥《とり》にみつかれば、すぐに食《た》べられてしまうことでしょう。

それでもメダカたちは、すみよい場所《ばしょ》をもとめて、流《なが》れにむかっていきます。

⬆しかし，メダカはあきらめようとせずに，斜面《しゃめん》をのぼっていきます。流《なが》れおちる水《みず》の量《りょう》や距離《きょり》にもよりますが，30度前後《どぜんご》の斜面《しゃめん》ならのぼっていけます。

⬆大《おお》きな魚《さかな》がメダカをおそおうとしても，群《む》れているとまとをしぼりにくく，つかまえにくいのです。

➡メダカの群《む》れが，水面《すいめん》ちかくをおよぐのは，水面《すいめん》にうく小《ちい》さな動物《どうぶつ》や植物《しょくぶつ》を食《た》べるためです。

大《おお》きな群《む》れをつくるメダカ

すみやすい場所《ばしょ》をもとめて、移動《いどう》してきたメダカたちも合流《ごうりゅう》して、群《む》れが、いちだんと大《おお》きくなりました。

小川《おがわ》や用水路《ようすいろ》では、三十〜百《ひゃっ》ぴきぐらいで一つの群《む》れをつくっています。すみよい大《おお》きな池《いけ》や沼《ぬま》では、千《せん》びきをこえる大群《たいぐん》を見《み》ることもあります。

メダカには、なかまどうしで、あとを追《お》う習性《しゅうせい》があります。群《む》れの先頭《せんとう》も、たえずいれかわり、別《べつ》にリーダーはいません。群《む》れの中央《ちゅうおう》にいるメダカが、危険《きけん》を感《かん》じて横《よこ》へにげれば、まわりのメダカもそれにならいます。

⬆メダカは，小《ちい》さな弱《よわ》い魚《さかな》です。大《おお》きな群《む》れをつくるのは，外敵《がいてき》から身《み》をまもるための，自然《しぜん》があたえてくれたちえです。

目《め》よりも上《うえ》にある口《くち》は，水面《すいめん》上《じょう》にういている食《た》べものをとるのに，つごうよくできています。

水面《すいめん》におちたネムの花《はな》を食《た》べるメダカたち。

メダカの食事《しょくじ》

メダカは、雑食性《ざっしょくせい》の魚《さかな》です。すききらいがないメダカたちには、自然《しぜん》があたえてくれる食《た》べものがたくさんあります。なかでも、植物質《しょくぶつしつ》のアオミドロや、動物質《どうぶつしつ》のミジンコ、ボウフラなどをこのんで、よく食《た》べます。

植物質《しょくぶつしつ》のえさをこのむアユや、動物《どうぶつ》質《しつ》のものしか食《た》べないイワナやヤマメにくらべると、きらいなものがないメダカは、食《た》べるえさにはこまりません。

だから、メダカたちは小川《おがわ》や用水路《ようすいろ》のようなせまいところから、池《いけ》や沼《ぬま》まで、広《ひろ》いはんいで繁殖《はんしょく》できるのです。

⬆メダカは，水温《すいおん》の高《たか》い水面《すいめん》がすきです。水面《すいめん》には，好物《こうぶつ》のミジンコやカの幼虫《ようちゅう》のボウフラがういてきます。しかも水面《すいめん》なら，敵《てき》の接近《せっきん》をいち早《はや》く知《し》ることができます。

⬅口《くち》が上向《うわむ》きについているため，水《すい》底《てい》にあるえさは，さかだちをしたかたちで食《た》べます。

⬇食《た》べたものは腸《ちょう》で消化《しょうか》され，１～２時間後《じかんご》には，のこりかすがふんになって，外《そと》へすてられます。

メダカが、ときどき水面《すいめん》からとびだして、ピョンピョンとはねていることがあります。からだにつく寄生虫《きせいちゅう》を、ふりおとそうとしているのでしょうか。池《いけ》や沼《ぬま》にいるメダカに、よく見《み》られます。

⬇数秒間《すうびょうかん》のにらみあい。そのあと，侵入《しんにゅう》したメダカに口《くち》でぶつかります。

⬆侵入《しんにゅう》してきたメダカ（右《みぎ》）をおどかしています。

⬆水《すい》そうの中《なか》で，なわばりをつくったおすのメダカ。

メダカのなわばり

小川《おがわ》や池《いけ》で群《む》れていたメダカたちは、繁殖期《はんしょくき》をむかえると、群《む》れからはなれて、小《ちい》さななわばりをつくります。

小川《おがわ》や池《いけ》では、一ぴきのおすが二～五ひきのめすをつれて、岸辺《きしべ》ちかくの一角《いっかく》を陣《じん》どります。自分《じぶん》たちのたまごが、ほかのなかまに食《た》べられることがあるので、なわばりづくりでふせぎます。これは自分《じぶん》の子孫《しそん》をより多《おお》く、のこそうとする野生動物《やせいどうぶつ》の本能《ほんのう》なのです。

水《すい》そうでは、少《すこ》し大《おお》きめの石《いし》や水草《みずくさ》を、ところどころにおいておくと、かたすみに、なわばりをつくります。

⬆２～３回《かい》の攻撃《こうげき》で，勝負《しょうぶ》はきまります。なわばりをもっているメダカが，たいてい勝《か》ちます。左上《ひだりうえ》は，見物《けんぶつ》するめすのメダカ。あらそいには参加《さんか》していません。

⬅なわばりからでていく侵入《しんにゅう》してきたメダカ（左上《ひだりうえ》）。

● メダカのおすとめすのみわけ方《かた》

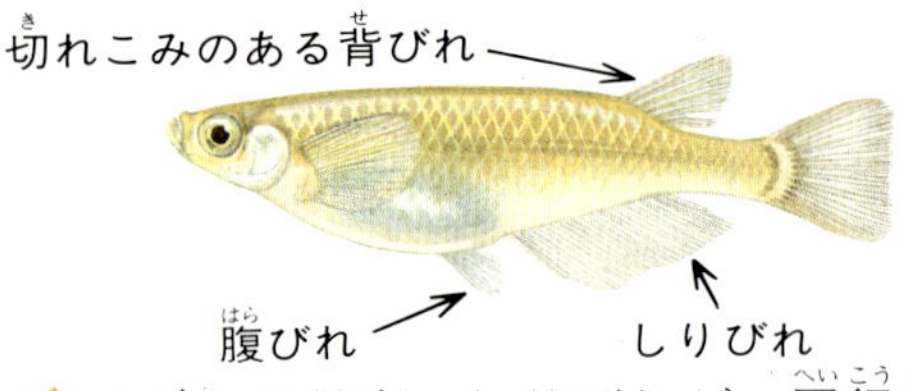
切《き》れこみのある背《せ》びれ
腹《はら》びれ
しりびれ

⬆メダカのおす。しりびれが，平行四辺形《へいこうしへんけい》のような形《かたち》をしています。
➡繁殖期《はんしょくき》になると，おすの腹《はら》びれは黒《くろ》ずんできます。

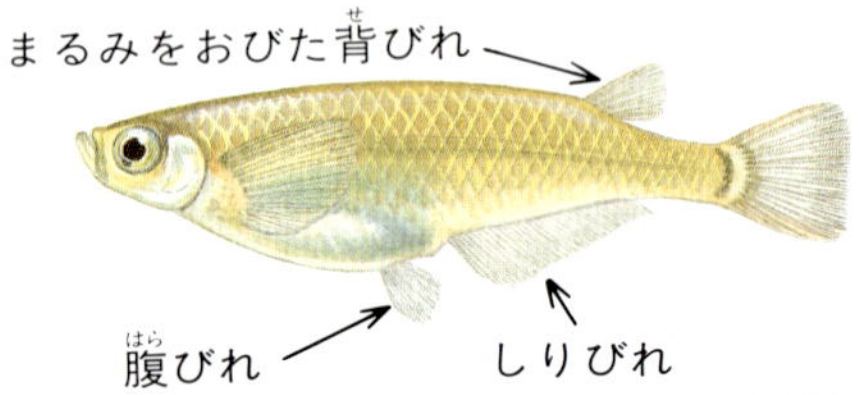
まるみをおびた背《せ》びれ
腹《はら》びれ
しりびれ

⬆メダカのめす。しりびれが，三角形《さんかくけい》のような形《かたち》をしています。
➡めすの腹《はら》には，成熟《せいじゅく》しはじめたたまごがいっぱいつまっています。

産卵《さんらん》の前《まえ》ぶれ

昼《ひる》の時間《じかん》が長《なが》くなり、毎日《まいにち》の水温《すいおん》も十五度《ど》をこえるようになると、メダカたちは、産卵《さんらん》の季《き》節《せつ》をむかえます。

おすの腹《はら》びれは黒《くろ》ずみ、めすのおなかは、たくさんのたまごで、大《おお》きくふくらんできます。

おなかの大《おお》きなめすの前《まえ》で、おすは、くるりと小《ちい》さく回転《かいてん》をしてみせます。これは、めすにたいする求愛《きゅうあい》の行動《こうどう》なのです。めすがたまごをうみたくなるまで、求愛《きゅうあい》をくりかえします。

↑産卵《さんらん》まぢかのめすのあとをおうおす（下）。

←めすの前《まえ》で，くるりと回転《かいてん》してみせるおす。おすの求愛《きゅうあい》をうけているうちに，めすはたまごをうむ準備《じゅんび》をととのえます。

↑おす(左《ひだり》)は，めす(右《みぎ》)の腹部《ふくぶ》を，背《せ》びれとしりびれでつつみこみ，からだをふるわせながら，水底《すいてい》へゆっくりとしずんでいきます。

⬆めす(手前《てまえ》)がたまごをうみだすと同時《どうじ》に，おすが精子《せいし》をたまごにかけて受精《じゅせい》させます。

⬅産卵《さんらん》は15～20秒《びょう》でおわり，手《て》だすけのすんだおすは，めすからはなれていきます。

メダカの産卵《さんらん》

めすがたまごをうみたくなると、おすは頭《あたま》を少《すこ》しさげたかっこうで、めすの横《よこ》にならび、背《せ》びれとしりびれで、めすのからだをつつみます。それから、ゆっくりと、水底《すいてい》へしずんでいきます。

水底《すいてい》についたおすとめすは、からだをこきざみにふるわせます。そして、めすはおすのひれにつつまれたままで、三十～四十つぶのたまごをうみます。

同時《どうじ》に、おすは精子《せいし》をだして、たまごにかけます。おすがひれでめすのからだをつつみこむのは、水中《すいちゅう》でたまごをむだなく受精《じゅせい》させるためなのです。

⬆うみだされたたまごは，付着毛《ふちゃくもう》という，透明《とうめい》なほそい糸《いと》でつながっています。

➡産卵後《さんらんご》，からだをくねらすめすのメダカ。たまごの細胞分裂《さいぼうぶんれつ》は，親《おや》のおなかについているときからはじまります。

受精《じゅせい》がおわっておすがさっても、めすはその場《ば》に少《すこ》しとどまり、そのあとからだをくねらせて、おなかについたたまごをととのえます。

このようにして、メダカの産卵《さんらん》は、毎日《まいにち》、早朝《そうちょう》におこなわれます。

めすは、うんだたまごを四～六時間《じかん》、おなかにつけておよぎます。

やがて、めすはからだを水草《みずくさ》にこすりつけるようにして、一つぶずつ、たまごをつけていきます。

でも、うみつけたたまごのほとんどがなかまに食《た》べられてしまい、ぶじにふ化《か》するのはごく一部《いちぶ》です。

⬆水草《みずくさ》にからだをこすりつけ，たまごをうみつけます。たまごの表面《ひょうめん》には，短《みじか》い毛《け》がたくさんはえているので，水草《みずくさ》にからみつきやすいのです。水草《みずくさ》のところどころについている半透明《はんとうめい》の球状《きゅうじょう》のものがたまごです。

⬅水草《みずくさ》にうみつけられたたまごを食《た》べるメダカ。たまごのほとんどは，こうして，なかまや親《おや》に食《た》べられてしまいます。

産卵《さんらん》直後《ちょくご》。たまごの直径《ちょっけい》は約《やく》一・二ミリメートル。

一日目《にちめ》。からだや目《め》になる部分《ぶぶん》ができかかっています。

四時間後《じかんご》。細胞分裂《さいぼうぶんれつ》はすでにはじまっています。

五日目《かめ》。目《め》が黒《くろ》くなり、血《けっ》管《かん》がのびはじめています。

メダカのふ化《か》

たまごには、小《ちい》さな一つの胚《はい》と卵黄《らんおう》がつまっています。受精《じゅせい》のとき、精子《せいし》といっしょになった胚《はい》は、一つの細胞《さいぼう》になります。やがて、この細胞《さいぼう》は二つになり、二つが四つへと分裂《ぶんれつ》しながらふえていき、メダカのからだの部分《ぶぶん》ができていくのです。

受精《じゅせい》から約《やく》六日《か》、心臓《しんぞう》ができます。十日目《かめ》ごろには、たまごの中《なか》で、からだをしきりに動《うご》かすようになり、十二日目《にちめ》、まくをやぶって稚魚《ちぎょ》がとびだします。

※たまごの発育《はついく》は水温《すいおん》によってことなります。この本《ほん》では、水温《すいおん》二十度《ど》で発育《はついく》させせました。

➡10日《か》目《め》。心臓《しんぞう》から，血液《けつえき》がさかんにおくりだされています。からだのほとんどができあがりました。

⬇12日《にち》目《め》。ふ化《か》の瞬間《しゅんかん》。稚魚《ちぎょ》は，たまごのじょうぶなまくを，口《くち》からだす酵素《こうそ》でとかします。そして，中《なか》で動《うご》いているうちにまくがやぶれてでてきます。

⬅たまごが死《し》ぬと，カビがはえます(下《した》)。カビはちかくのたまごに，どんどんうつっていきます。水《すい》そうで飼《か》うときも，カビのついたたまごは早《はや》めにとりのぞかないと，となりのたまごにうつり，死《し》んでしまいます。

↑ふ化《か》して４～５日《にち》。えさを自分《じぶん》でとるようになったころの稚魚《ちぎょ》。まだ，各《かく》ひれは，尾《お》びれとつながっています。

↑ふ化《か》してからからとびだした稚魚《ちぎょ》。ふくらんだおなか（矢印《やじるし》）に，養分《ようぶん》がたくわえられています。全長《ぜんちょう》は約《やく》５㎜。

稚魚《ちぎょ》の食《た》べもの

おなかの大《おお》きなメダカの稚魚《ちぎょ》が、元《げん》気《き》にたんじょうしました。

稚魚《ちぎょ》のおなかの中《なか》には、まだ、たまごの中《なか》にいたころの、卵黄《らんおう》の養分《ようぶん》がのこされています。稚魚《ちぎょ》は、この養分《ようぶん》をつかい、三～四日《か》は、えさを食《た》べなくても生《い》きていけます。

養分《ようぶん》を、すっかりつかいきると、自《じ》分《ぶん》でえさをみつけて食《た》べはじめます。はじめは、アオミドロなどの緑藻類《りょくそうるい》につく、小《ちい》さな生《い》きものを食《た》べます。

少《すこ》し大《おお》きくなると、ミジンコなどもつかまえて食《た》べられるようになります。

↑動物《どうぶつ》プランクトンのミジンコの子《こ》どもは，メダカの稚魚《ちぎょ》の小《ちい》さな口《くち》でも食《た》べることのできる，ぜっこうのえさです。

←アオミドロのような緑藻類《りょくそうるい》の多《おお》いところには，プランクトンや小《ちい》さな水生昆虫《すいせいこんちゅう》の幼虫《ようちゅう》なども，たくさんすんでいます。

→メダカたちがすむ池《いけ》に、雨《あめ》がふりつづきます。水面《すいめん》をおよぎ、えさをおいかけていたメダカたちは、どこへいったのでしょうか。

↑メダカたちは、つめたい雨《あめ》つぶのおちる水面《すいめん》をさけ、深《ふか》さ十センチメートルくらいの水中《すいちゅう》で、えさをさがしています。太陽《たいよう》の日《ひ》ざしが少《すく》なく、低温《ていおん》の日《ひ》もある梅雨《つゆ》のころは、プランクトンの繁殖《はんしょく》もへるようです。

⬅うまれてから約《やく》一か月目《げつめ》の稚魚《ちぎょ》が、親《おや》の上《うえ》をおよいでいます。あまり親《おや》にちかづくと、食《た》べられてしまうこともあります。

梅雨《つゆ》のころのメダカたち

雨《あめ》がふりつづく梅雨《つゆ》のころでも、水温《すいおん》さえ高《たか》ければ、メダカたちは、毎朝《まいあさ》たまごをうみます。雨《あめ》がふっても、新《あたら》しい生命《せいめい》は、つぎつぎにたんじょうしてきます。

いっぽう、ひと月《つき》まえにうまれた稚魚《ちぎょ》は、全長《ぜんちょう》一センチメートルほどに成長《せいちょう》しています。

つながっていたひれも、それぞれのひれにわかれて、どこから見《み》ても、りっぱなメダカです。

毎日《まいにち》えさをたくさん食《た》べて、もうすぐ、おとなのなかまいりです。

⬆メダカが，水面《すいめん》をくるったように，くるくると回転《かいてん》しています。
からだにつこうとする寄《き》生虫《せいちゅう》を，ふりはらうしぐさのようです。

⬆イカリムシにとりつかれたメダカ。養分《ようぶん》をすいとられて，やせほそっています。

⬅土《つち》けむりをあげて，水底《すいてい》にからだをこすりつけるメダカ。これも寄生虫《きせいちゅう》をふりはらうしぐさのようです。左上《ひだりうえ》はイカリムシ。体長《たいちょう》0.5～1cmの節《せっ》足動物《そくどうぶつ》。船《ふね》のいかりのような形《かたち》をした頭部《とうぶ》を，魚《さかな》の皮《ひ》ふにくいこませ，養分《ようぶん》をすいます。

小《ちい》さな敵《てき》

うまれてきた稚《ち》魚《ぎょ》たちが、みんなぶじに親《おや》にまで成《せい》長《ちょう》できるわけではありません。親《おや》たちにまで食《た》べられてしまうことがあるので、いっときもゆだんはできません。

自分《じぶん》のからだより、ずっと小《ちい》さな敵《てき》もいます。寄《き》生《せい》虫《ちゅう》のイカリムシです。イカリムシに寄《き》生《せい》されると、養《よう》分《ぶん》をじわじわとすいとられ、さいごには死《し》んでしまいます。

大《おお》きなコイでも、口《くち》の中《なか》にイカリムシがつくと、えさが食《た》べられなくなって、死《し》ぬことがあります。

水底《すいてい》で，落《お》ち葉《ば》になりすまして，メダカをまちぶせするギンヤンマのヤゴ。

ひそかにメダカをねらう敵《てき》

メダカたちにとって、にがてな敵《てき》は、動《うご》かずに、まちぶせをしている水生昆虫《すいせいこんちゅう》たちです。

鳥《とり》や大《おお》きな魚《さかな》たちがちかづいてくれば、気配《けはい》をすばやく感《かん》じて、にげたり、かくれたりすることもできます。ところが、ギンヤンマのヤゴは、水《みず》の底《そこ》で、落《お》ち葉《ば》のようになりすましています。ミズカマキリは、かれ木《き》の小枝《こえだ》に変身《へんしん》しています。

こうして動《うご》かずに、まちぶせをされると、つい気《き》がつかずに

⬆ヤゴの頭上《ずじょう》を通《とお》りぬけようとした瞬間《しゅんかん》，するどい大《おお》あごでつかまりました。
⬇ヤゴは，数分《すうふん》で，メダカを骨《ほね》までまるごと食《た》べてしまいます。

ちかよったとき、一瞬《いっしゅん》のうちに
つかまってしまいます。
ほかにも敵《てき》はたくさんいます。

● きずついて、元気《げんき》のないメダカが、あてもなくおよいでいます。これを、メダカの天敵《てんてき》たちが、みのがすはずがありません。

⇦ミズカマキリは、かまの形《かたち》をした前足《まえあし》で、えものをつかまえます。ストローのような口《くち》で、メダカの体液《たいえき》をすうと、身《み》は食《た》べずにすててしまいます。

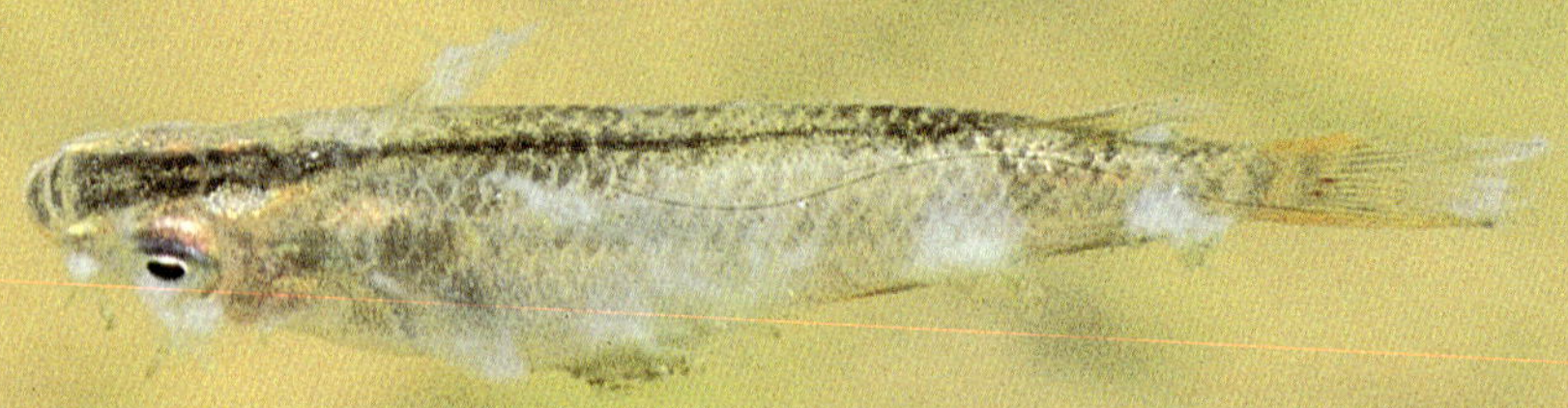

⇨ゲンゴロウも、ヤゴとおなじように、まるごとメダカを食《た》べてしまいます。

⇦死《し》んだメダカにむらがるザリガニの子《こ》。ザリガニは、なんでも食《た》べる、水《すい》中《ちゅう》のそうじ屋《や》です。

しばらくして危険《きけん》がさると，メダカはまわりのようすをうかがいながら，おそるおそるでてきます。これも，自然《しぜん》がメダカにあたえた，生《い》きるためのちえです。

身《み》の危険《きけん》を感《かん》じると，メダカは水《みず》をにごらせて土《つち》の中《なか》へすばやくかくれます。どこにかくれているかわかりますか？

生《い》きるためのちえ

弱《よわ》いからといって、メダカは天敵《てんてき》のおもいのまま、食《た》べられてしまうわけではありません。生《い》きるためのちえも、そなわっています。

群《む》れをつくって、見《み》はらしのよい水《すい》面《めん》ちかくをおよいでいれば、敵《てき》の攻撃《こうげき》をいちはやく知《し》ることができます。

敵《てき》からのがれるための、すばしこい動《うご》きや、相手《あいて》をけむにまいて物《もの》かげにかくれる術《じゅつ》も知《し》っています。

しかし、かくれても、ゲンゴロウのような、においでえものをさがす敵《てき》もいるので、メダカは安心《あんしん》できません。

➡日《ひ》でりつづきで，水《みず》が少《すく》なくなったたんぼの水路《すいろ》。わずかな水《みず》たまりに，たくさんのメダカがとりのこされています。

日《ひ》でりのなかを生《い》きるメダカ

天敵《てんてき》たちにつかまるといっても、群《む》れの中《なか》の、一部《いちぶ》のものです。つぎつぎと産卵《さんらん》するメダカは、そんなことでは全《ぜん》めつしません。

それより、もっとおそろしいのは、暑《あつ》い日《ひ》でりがつづき、何日《なんにち》も雨《あめ》がふらずに、すんでいるところの水《みず》がひあがってしまうことです。

水生昆虫《すいせいこんちゅう》たちは、とびたって、移動《いどう》ができます。ドジョウは土《つち》の中《なか》にもぐって、生《い》きのびられます。

しかし、メダカたちは、雨《あめ》がふらなければ、たすかりません。

⬆人間《にんげん》があるいた足《あし》あとが，さいごの水《みず》たまりになりました。こんな中《なか》にも，メダカがおよいでいます。雨《あめ》がふるまえに，シラサギなどにみつかったら，みんな食《た》べられてしまいます。

⬅ついにひあがって，メダカたちはつぎつぎと死《し》んでいきます。

→台風《たいふう》による大雨《おおあめ》のあと、ため池《いけ》やたんぼから水《みず》があふれ、増水《ぞうすい》した川《かわ》。にげおくれたメダカは、この泥流《でいりゅう》といっしょに流《なが》されてしまいます。

↑河口《かこう》から海《うみ》へ流《なが》れこんだ、にごった川《かわ》の水《みず》。

海水《かいすい》の中《なか》でも生《い》きられるメダカ

ところが大雨《おおあめ》になると、ため池《いけ》やたんぼの水《みず》があふれて、メダカたちが、川《かわ》に流《なが》されてしまうことがあります。

そして、いたるところからはいりこむ水《みず》をあつめた川《かわ》は、泥流《でいりゅう》となって海《うみ》へ流《なが》れこみます。

このとき、海水《かいすい》に弱《よわ》いため池《いけ》やたんぼの生《い》きものは、ほとんどそのまま死《し》んでしまいます。

ところが、メダカはどうでしょう。海水《かいすい》に強《つよ》く、海《うみ》の中《なか》でも元気《げんき》におよいでいます。そして、満潮《まんちょう》にのって、川《かわ》までもどることができます。

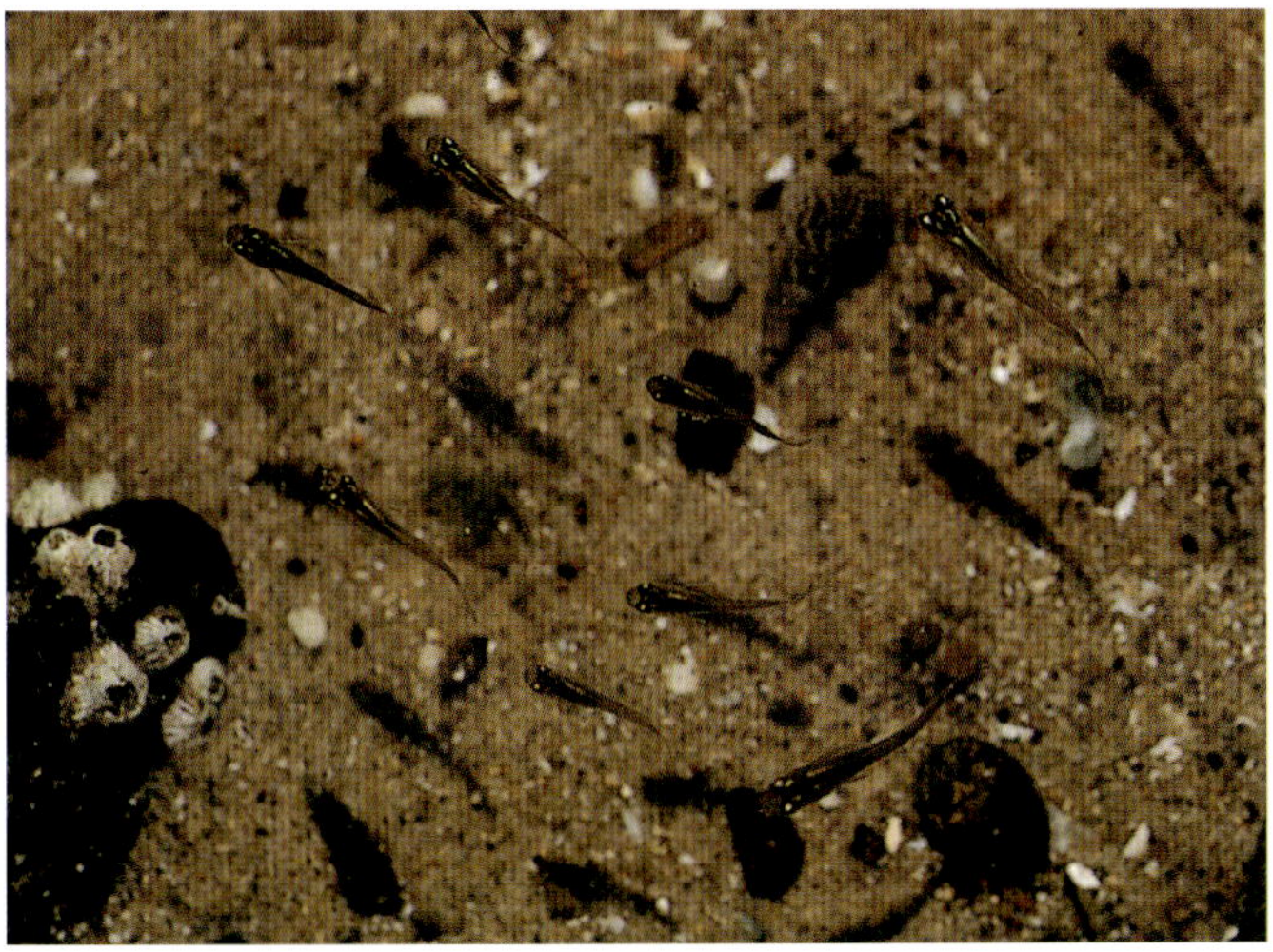

↑増水《ぞうすい》で海《うみ》におし流《なが》されたメダカが，波《なみ》まにゆられておよいでいます。川《かわ》の水《みず》が流《なが》れこんだ付近《ふきん》の海面《かいめん》は，塩分《えんぶん》がうすいので，メダカは平気《へいき》です。

←波《なみ》打《う》ちぎわの浅《あさ》いところで，ボラの子《こ》(底《そこ》の方《ほう》)といっしょにおよぐメダカ。海《うみ》の生《い》きものであるフジツボや貝類《かいるい》も見《み》えます。

➡イネのかりとりのすんだ水田《すいでん》をおよぐメダカの群《む》れ。今年《ことし》の早《はや》い時期《じき》にうまれ、ぶじに成長《せいちょう》したメダカも、親《おや》たちといっしょの群《む》れでおよいでいます。

冬《ふゆ》をむかえるメダカたち

秋《あき》もふかまり、繁殖期《はんしょくき》のおわったメダカたちは、さかんにえさを食《た》べあさります。たくさん食《た》べて、からだに養分《ようぶん》をたくわえておかないと、やがておとずれる寒《さむ》い冬《ふゆ》を、こすことはできません。

冬《ふゆ》をむかえる準備《じゅんび》ができた、まるまるとふとったメダカたちが、水底《すいてい》をゆっくりとおよいでいます。ときおり、つめたい北風《きたかぜ》が、水面《すいめん》をふきぬけていきます。

雪《ゆき》がふるころには、メダカの姿《すがた》は、もうどこにもみあたりません。

←メダカたちのすむたんぼに，雪《ゆき》がふります。毎日《まいにち》，寒《さむ》い日《ひ》がつづきます。

↓水《みず》の少《すく》なくなった水路《すいろ》では，水《みず》が全部《ぜんぶ》こおってしまい，氷《こおり》づけになったメダカは死《し》んでしまいます。

たくさんの天敵《てんてき》から
ぶじのがれてきた
メダカたちが、
寒《さむ》さにたえて、
水底《すいてい》の落《お》ち葉《ば》の下《した》で、
冬《ふゆ》ごしをしています。
水《みず》ぬるむ日《ひ》は、
まだ、だいぶさきです。
メダカたちは、
春《はる》のおとずれを
まちつづけます。

*メダカのなかまと分布《ぶんぷ》

ヒメダカ。突然変異《とつぜんへんい》で、からだの黒《くろ》い色素《しきそ》がなくなったメダカ。観賞用《かんしょうよう》として売《う》られています。習性《しゅうせい》は、ふつうのメダカとかわりません。

メダカは、日本《にっぽん》でいちばん小《ちい》さな淡水魚《たんすいぎょ》です。北海道《ほっかいどう》をのぞく、日本各地《にっぽんかくち》の水田《すいでん》や小川《おがわ》、池《いけ》などにすんでいます。朝鮮半島《ちょうせんはんとう》や中国大陸《ちゅうごくたいりく》、台湾《たいわん》でも、同《おな》じメダカがみられます。

メダカの学名《がくめい》（世界《せかい》に共通《きょうつう》する名《な》まえ）には、「水田《すいでん》にすむひれの大《おお》きな魚《さかな》」の意味《いみ》があるように、水田《すいでん》地帯《ちたい》のすみずみまで、その生活《せいかつ》の場所《ばしょ》を広《ひろ》げています。

メダカの祖先《そせん》は、メコン川《がわ》の上流《じょうりゅう》にすむメコンメダカだといわれています。大《おお》むかし、このあたりから稲作《いなさく》がはじまったといわれ、水田《すいでん》が広《ひろ》がっています。このことからも、メダカは、稲作地帯《いなさくちたい》と深《ふか》い関係《かんけい》があることがわかります。

古《ふる》くから日本《にっぽん》にいるのは、卵生《らんせい》のメダカ一種類《しゅるい》だけです。

5,000以上《いじょう》もあるメダカのよび名《な》

そのむかし，メダカは，ウナギやコイのように，食用《しょくよう》としての価値《かち》がなかったので，全国共通《ぜんこくきょうつう》のよび名《な》がありませんでした。

メダカはむしろ，子《こ》どもたちの遊《あそ》び友《とも》だちでした。それぞれの土地《とち》によって，思《おも》いのままに，いろいろなよび名《な》がつけられてきたのでしょう。ここでは，各地《かくち》でよくよばれていた名《な》をかかげました。(資料《しりょう》，馬渡博親《まわたりひろちか》氏《し》)

ウルメ（青森《あおもり》）　メンザコ（岩手《いわて》）　ウルミゴ（秋田《あきた》）　ウノミ（山形《やまがた》）　アソビザッコ（宮城《みやぎ》）　メザコ（福島《ふくしま》）　メザカ（栃木《とちぎ》）　メザッコ（茨城《いばらき》）　ハヨメッコ（群馬《ぐんま》）　メジャカ（千葉《ちば》）　ザコメンド（埼玉《さいたま》）　メダカ（東京《とうきょう》）　チョン　メッコ（神奈川《かながわ》）　ウルメッチョ（新潟《にいがた》）　ウキス（山梨《やまなし》）　コメンジャ（静岡《しずおか》）　メチャッコ（長野《ながの》）　ミミンジャコ（富山《とやま》）　ウケス（岐阜《ぎふ》）　アトメンパ（愛知《あいち》）　イササ（石川《いしかわ》）　コメンジャコ（福井《ふくい》）

ウキンコ（滋賀《しが》）　コバイチョ（三重《みえ》）　コマンジャコ（奈良《なら》）　ドンバイコ（京都《きょうと》）　メメンジャコ（大阪《おおさか》）　ドンバイ（和歌山《わかやま》）　ミミンゴ（兵庫《ひょうご》）　ネンハ（鳥取《とっとり》）　メート　（岡山《おかやま》）　ネンパチ（島根《しまね》）　チリンコ（広島《ひろしま》）　メイタン（山口《やまぐち》）　ビビ（香川《かがわ》）　メメンチャ　（徳島《とくしま》）　メタバヤ（愛媛《えひめ》）　アブラコ　（高知《こうち》）　ミザッコ（福岡《ふくおか》）　ザッコベーベー　（佐賀《さが》）　メメンジャ（長崎《ながさき》）　メジャコ（大分《おおいた》）　ゾーナメ（熊本《くまもと》）　ザコメ（宮崎《みやざき》）　タカメンツ　（鹿児島《かごしま》）　タカバミ（沖縄《おきなわ》）

▼グッピー（おす）

▲稚魚《ちぎょ》をうむタップミノー（めす）

稚魚《ちぎょ》をうむメダカのなかま

グッピーやタップミノーは卵胎生《らんたいせい》といって，おなかの中《なか》でたまごをかえして，稚魚《ちぎょ》をうみます。

グッピーは色《いろ》がきれいなので観賞用《かんしょうよう》として，タップミノーはカの幼虫《ようちゅう》(ボウフラ)をよく食《た》べるので カをたいじする目的《もくてき》で，アメリカからもちこまれて帰化《きか》しました。

タップミノーは「カをたやす」の意味《いみ》で，日本名《にっぽんめい》はカダヤシです。

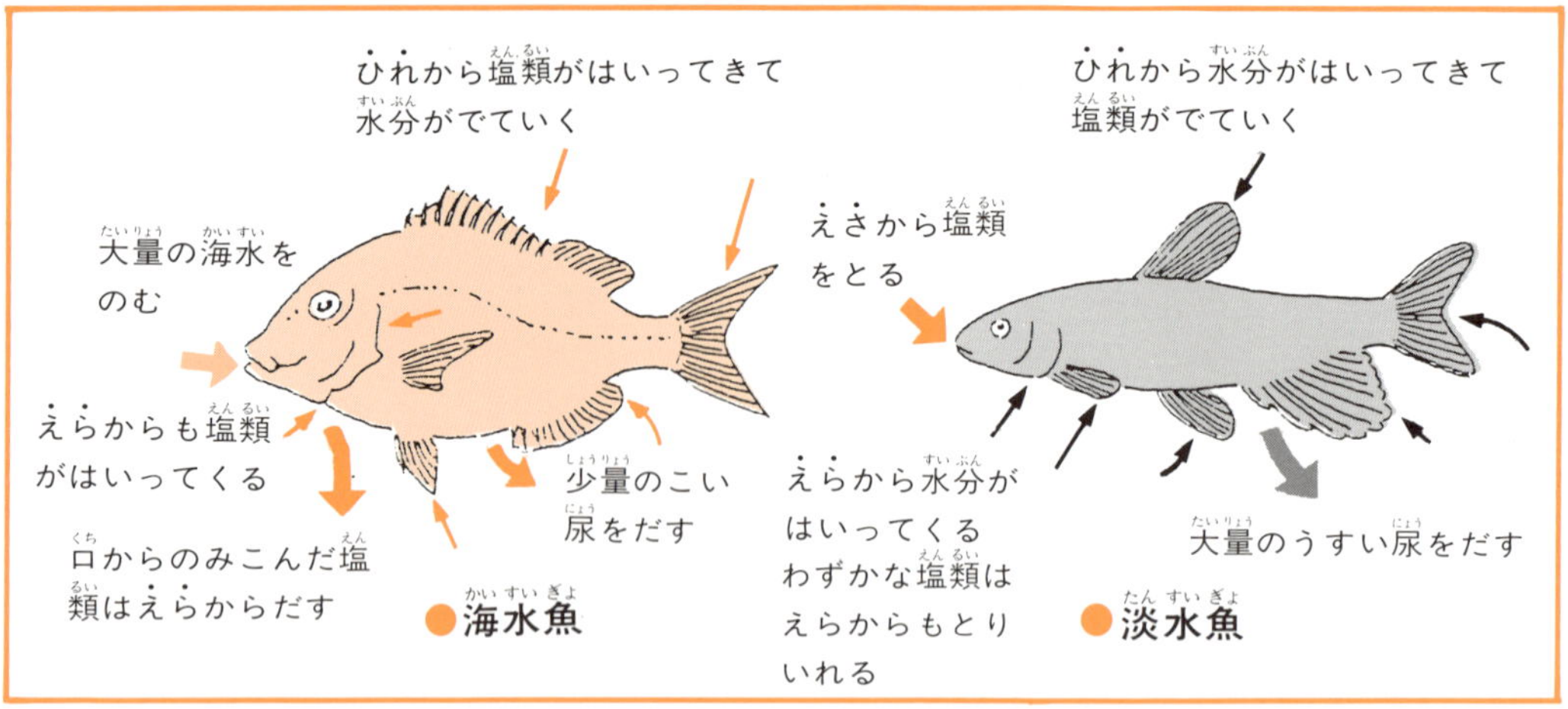
ひれから塩《えん》類《るい》がはいってきて
水《すい》分《ぶん》がでていく
大《たい》量《りょう》の海《かい》水《すい》を
のむ
えらからも塩《えん》類《るい》
がはいってくる
口《くち》からのみこんだ塩《えん》
類《るい》はえらからだす
少《しょう》量《りょう》のこい
尿《にょう》をだす
海《かい》水《すい》魚《ぎょ》
ひれから水《すい》分《ぶん》がはいってきて
塩《えん》類《るい》がでていく
えさから塩《えん》類《るい》
をとる
えらから水《すい》分《ぶん》が
はいってくる
わずかな塩《えん》類《るい》は
えらからもとり
いれる
大《たい》量《りょう》のうすい尿《にょう》をだす
淡《たん》水《すい》魚《ぎょ》

ふつう、魚《さかな》は淡《たん》水《すい》か海《かい》水《すい》かのどちらかにすんでいます。そのため、淡《たん》水《すい》魚《ぎょ》と海《かい》水《すい》魚《ぎょ》とでは、からだのしくみが正《せい》反《はん》対《たい》にできています。では、メダカはなぜ、海《うみ》の中《なか》でもおよぐことができるのでしょうか。淡《たん》水《すい》魚《ぎょ》は、ひれやえらから水《みず》がからだの中《なか》にはいってくるので、この水《みず》を尿《にょう》としてどんどんださなければなりません。また塩《えん》類《るい》は食《た》べたえさから、一《いち》部《ぶ》はえらからとりいれ、体《たい》液《えき》のこさを調《ちょう》節《せつ》します。

いっぽう海《かい》水《すい》魚《ぎょ》では、ひれやえらから塩《えん》類《るい》がからだの中《なか》にはいってきて、からだの中《なか》の水《すい》分《ぶん》がどんどんでていってしまいます。からだに水《すい》分《ぶん》をおぎなうため、つねに海《かい》水《すい》を口《くち》からのみこみ、えらから塩《えん》類《るい》を体《たい》外《がい》にだして、体《たい》液《えき》のこさを一《いっ》定《てい》にたもっているのです。

いいかえれば、淡《たん》水《すい》魚《ぎょ》のからだはつねに水《みず》ぶくれになるのをふせぎ、海《かい》水《すい》魚《ぎょ》のからだはつねに脱《だっ》水《すい》状《じょう》態《たい》になるのをふせいでいるということになります。

じつは、メダカには、この二つのしくみがからだにあるのです。川《かわ》でも海《うみ》でも、元《げん》気《き》におよぐことができるのはそのためです。

このほか、川《かわ》と海《うみ》をいききするサケやウナギ、ハゼなども、両《りょう》方《ほう》のしくみをからだにもった魚《さかな》として知《し》られています。

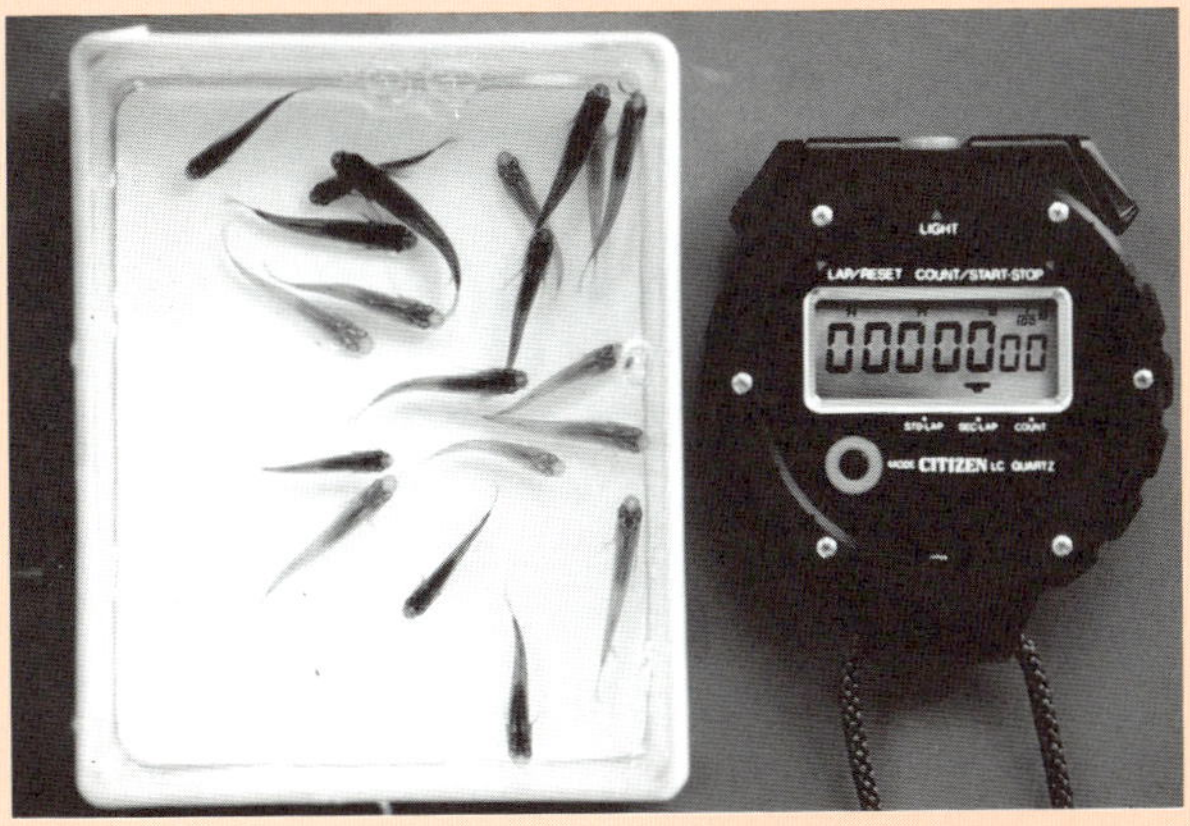
LIGHT
LAP/RESET COUNT/START-STOP
CITIZEN LC QUARTZ

▲うつしかえた直後《ちょくご》。

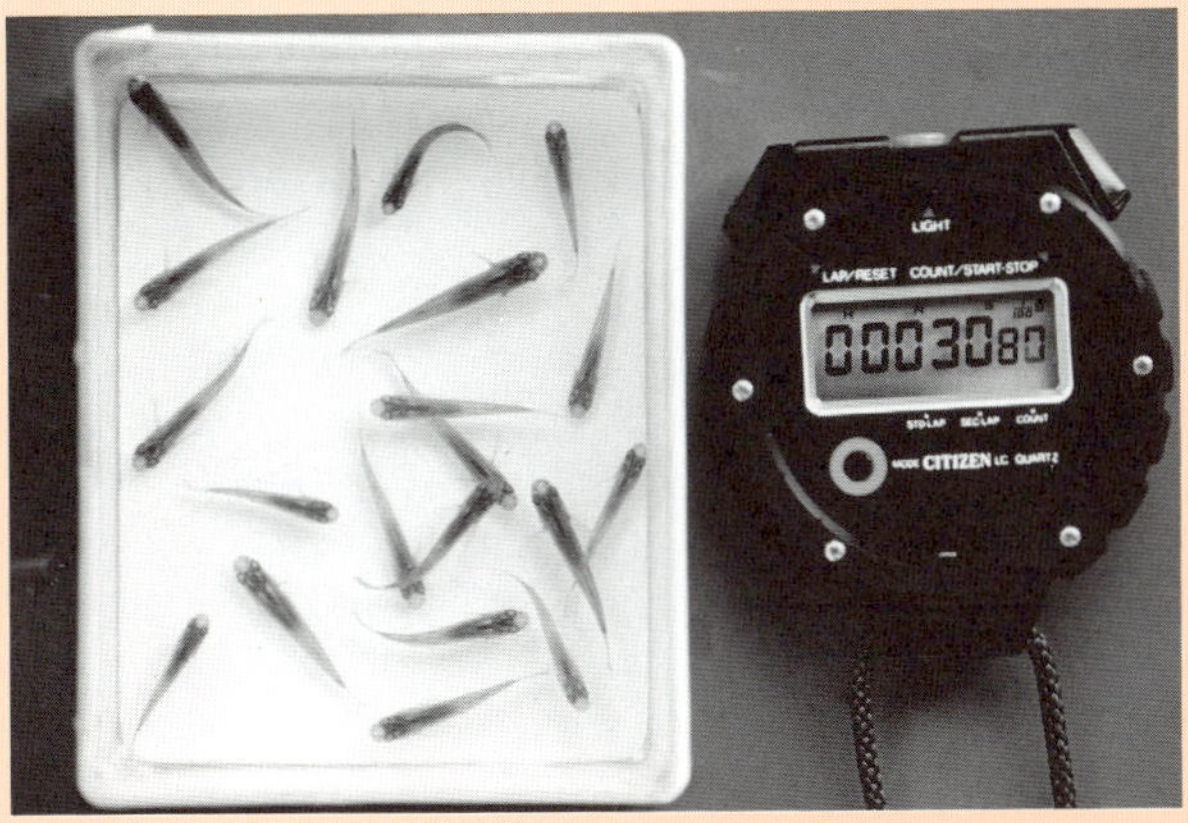
LIGHT
LAP/RESET COUNT/START-STOP
CITIZEN LC QUARTZ

▲30秒後《びょうご》。

■メダカはからだの色《いろ》をかえる名手《めいしゅ》

まっ黒《くろ》なうつわにいれて黒《くろ》っぽくなったメダカ10ぴきを，白《しろ》いうつわにいれました(上《うえ》)。30秒後《びょうご》には，白《しろ》いうつわにいた10ぴきと同《おな》じ色《いろ》に変色《へんしょく》しました。

どんな魚《さかな》でも，環境《かんきょう》にあわせ，からだの色《いろ》をかえることができます。環境《かんきょう》がかわると，魚《さかな》の目《め》の神経《しんけい》のはたらきで，皮《ひ》ふの中《なか》の色素《しきそ》胞《ほう》にふくまれている色素《しきそ》のつぶがうごきます。これにより，からだの色《いろ》がかわるのです。

色《いろ》の変化《へんか》の度合《どあい》は，その魚《さかな》が何種類《なんしゅるい》の色素《しきそ》胞《ほう》をもっているかでちがってきます。

からだの色《いろ》をかえる変身術《へんしんじゅつ》は，天敵《てんてき》の目《め》をごまかし，身《み》をまもるための手段《しゅだん》です。

■メダカは環境《かんきょう》の変化《へんか》に強《つよ》い

メダカほど，水質《すいしつ》や水温《すいおん》の変化《へんか》に強《つよ》い魚《さかな》はほかにいません。メダカはそれぞれの環境《かんきょう》にあわせて，からだのしくみをすばやくかえることができるのです。

海《うみ》の水《みず》がまじる干拓地《かんたくち》の用水《ようすい》でも，メダカは繁殖《はんしょく》することができます。真夏《まなつ》の日《ひ》ざしでぬるま湯《ゆ》のようになった水《みず》たまりでも，真冬《まふゆ》に氷《こおり》がはった浅《あさ》い池《いけ》の底《そこ》でも，たえることができます。

■メダカの感覚器官《かんかくきかん》は目《め》のまわりにある

ふつう，魚《さかな》のからだの両側《りょうがわ》には，頭《あたま》から尾《お》にかけて側線《そくせん》という感覚器官《かんかくきかん》があります。魚《さかな》はこれで，水流《すいりゅう》や水圧《すいあつ》，振動《しんどう》などを感《かん》じとるのです。

ところが，メダカはからだの部分《ぶぶん》には側線《そくせん》（体側線《たいそくせん》）がありません。そのかわり，頭《あたま》と目《め》のまわりに側線《そくせん》（頭部側線《とうぶそくせん》）があります。脳《のう》に近《ちか》いところに感覚器官《かんかくきかん》があるので，天敵《てんてき》たちの接近《せっきん》をすばやく感《かん》じとることができます。

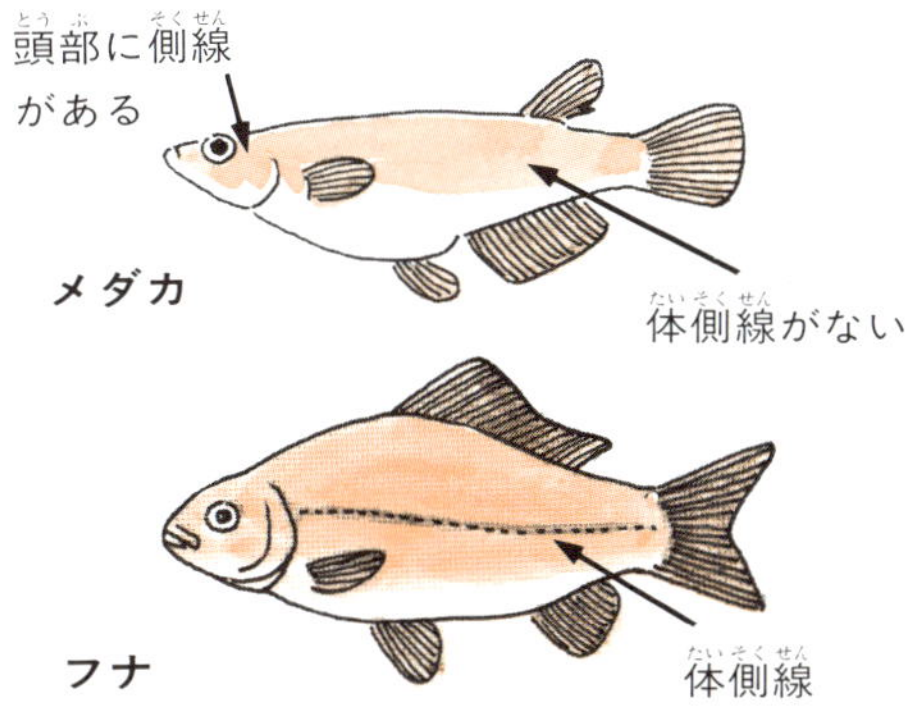
頭部《とうぶ》に側線《そくせん》がある
メダカ
体側線《たいそくせん》がない
フナ
体側線《たいそくせん》

＊メダカの群《む》れと行動《こうどう》

➡冬《ふゆ》でも水温《すいおん》があがると、メダカは水面《すいめん》に姿《すがた》をみせます。水温《すいおん》がセ氏《し》七度《ど》以下《いか》になると、水《みず》の底《そこ》にひそんでうごきません。

メダカはふつう、群《む》れをつくって行動《こうどう》しています。その理由《りゆう》として、メダカたちには、数多《かずおお》くの天敵《てんてき》がいることがあげられます。

群《む》れていれば、敵《てき》の目《め》につきやすいのは事実《じじつ》です。しかし、五十ぴきで群《む》れていたなら、敵《てき》につかまる確《かく》率《りつ》は、五十分《ぶん》の一になります。

また、敵《てき》の接近《せっきん》を知《し》る目《め》も、五十倍《ばい》になります。群《む》れが四方八方《しほうはっぽう》にちらばれば、敵《てき》は目《め》うつりします。そのすきに、ぜんぶがにげきることもできます。

メダカは、一ぴきだけでいると、まわりを警戒《けいかい》してあまり行動《こうどう》しなくなります。敵《てき》にみつかれば、確実《かくじつ》に自分《じぶん》だけがねらわれることを知《し》っているのです。

メダカの群《む》れは、先頭《せんとう》がたえずいれかわっています。これは、群《む》れの先頭《せんとう》にいるほうが、たくさんのえさにありつけるからです。まんぷくのメダカが警戒《けいかい》すれば、群《む》れのほかのなかまたちは、安心《あんしん》してまわりのえさを食《た》べることができます。

流《なが》れにのりながら行動《こうどう》するメダカの群《む》れ

流《なが》れのゆるやかな小川《おがわ》にすむメダカたちは、いつも流《なが》れに頭《あたま》をむけておよいでいます。水《みず》の流《なが》れがない池《いけ》や沼《ぬま》では、頭《あたま》を風上《かざかみ》にむけています。なぜでしょう。

このようにしたほうが、流《なが》れてくるえさをみつけやすく、食《た》べやすいのです。ほかの魚《さかな》にも、同《おな》じことがいえます。

魚《さかな》たちは、うしろにむかっておよぐことができません。うごかない水底《すいてい》の藻類《そうるい》を食《た》べるときでも、流《なが》れにむかって食《た》べるほうが、からだのバランスをうまくとれます。

メダカはそれぞれ、すんでいる小川《おがわ》の規模《きぼ》に適《てき》した群《む》れを、つくります。そして、夜《よる》に休《やす》む場所《ばしょ》を中心《ちゅうしん》にして、その周辺《しゅうへん》を流《なが》れにのって、いききをしているのです。

①メダカたちは，水《みず》の流《なが》れのないタライの中《なか》では，それぞれの方向《ほうこう》に自由《じゆう》におよぎます。
②水《みず》に流《なが》れをつくると，いっせいに流《なが》れにむかっておよぎだします。
③流《なが》れの方向《ほうこう》をかえると，メダカたちは流《なが》れにむかって反転《はんてん》します。これは，魚《さかな》に共通《きょうつう》の習性《しゅうせい》です。

メダカは魚《さかな》の四冠王《かんおう》

メダカは、ほかの魚《さかな》たちにはみられない、すばらしいとくちょうや能力《のうりょく》をもちあわせています。

その一。メダカは、日本《にっぽん》でいちばん小《ち》さな魚《さかな》です。成長《せいちょう》もはやく、えさが豊富《ほうふ》にあるところでは、わずか四か月《げつ》でおとなになります。

その二。メダカは、繁殖期間《はんしょくきかん》がいちばん長《なが》い魚《さかな》です。自然《しぜん》の中《なか》で、半年《はんとし》ちかくも毎日《まいにち》たまごをうみつづける魚《さかな》はほかにいません。

その三。メダカは、ほかの魚《さかな》たちとからだの割合《わりあい》でくらべたら、いちばん大《おお》きなたまごをうんでいます。メダカは、全長《ぜんちょう》三・五センチメートルで、一・二ミリメートルのたまごをうみますが、全長《ぜんちょう》六十センチメートルのコイでも、たまごは一・五ミリメートルです。コイがメダカと同《おな》じ比率《ひりつ》でたまごをうむとしたなら、直径《ちょっけい》二センチメートルのたまごをうむ計算《けいさん》になります。

その四。メダカは、いちばんよび名《な》が多《おお》い魚《さかな》です。

そのほか、メダカは、発生《はっせい》や遺伝《いでん》の研究《けんきゅう》をするうえでも、かかすことができないたいせつな魚《さかな》です。

■メダカの群《む》れの80%はめす

小《ち》さなメダカたちには，天《てん》敵《てき》がたくさんいます。

だから，子孫《しそん》をたやさないためにも，メダカは，たまごをたくさんうまなければなりません。メダカの群《む》れの80%がめすで，しかも，繁殖期間《はんしょくきかん》が長《なが》いのもそのためです。

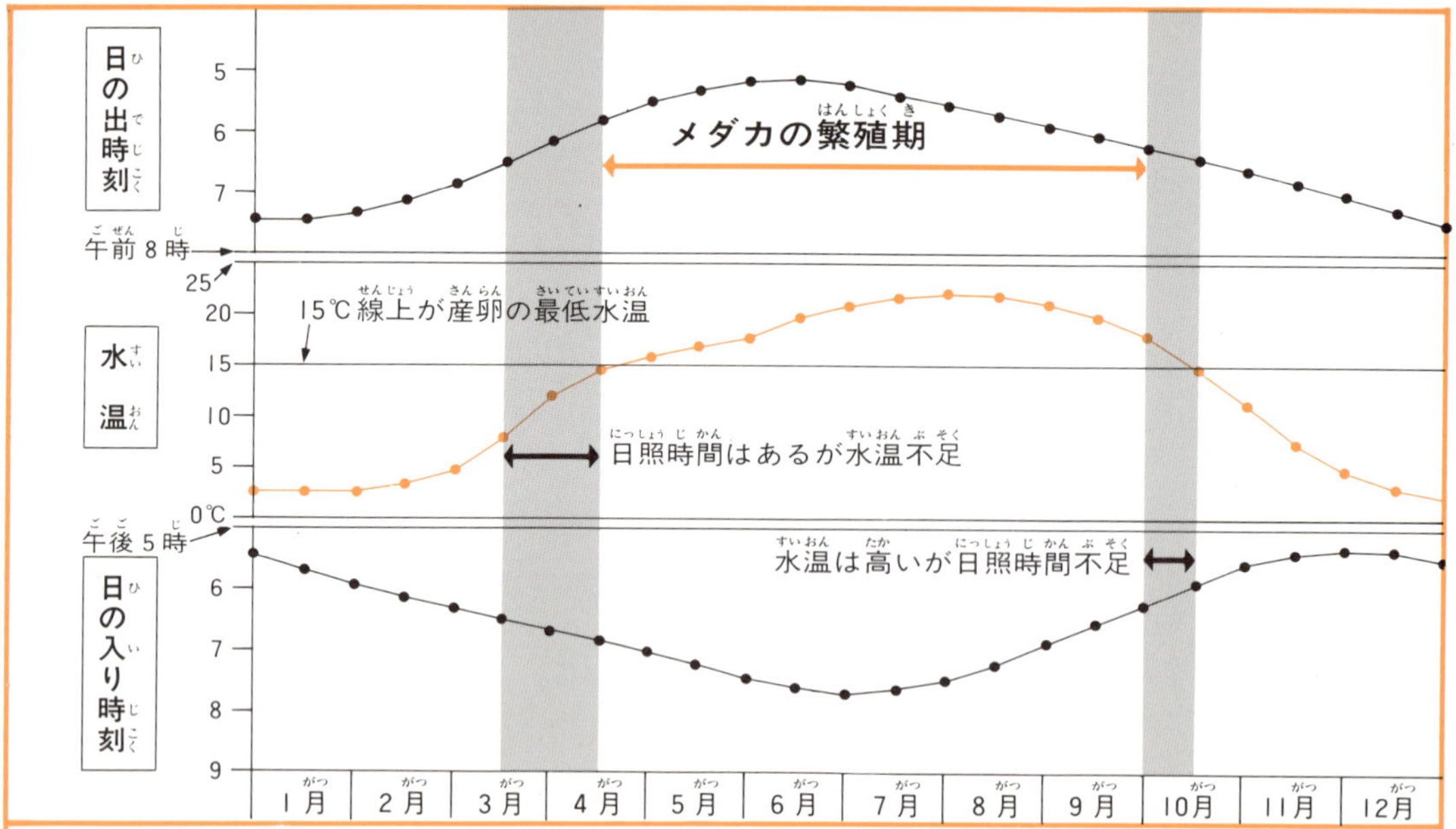
日《ひ》の出時刻《でじこく》
5
6
7
午前《ごぜん》８時《じ》
メダカの繁殖期《はんしょくき》
25
20
15
10
5
0℃
15℃線上《せんじょう》が産卵《さんらん》の最低水温《さいていすいおん》
水《すい》温《おん》
日照時間《にっしょうじかん》はあるが水温不足《すいおんぶそく》
午後《ごご》５時《じ》
水温《すいおん》は高《たか》いが日照時間不足《にっしょうじかんぶそく》
日《ひ》の入《い》り時刻《じこく》
6
7
8
9
１月《がつ》
２月《がつ》
３月《がつ》
４月《がつ》
５月《がつ》
６月《がつ》
７月《がつ》
８月《がつ》
９月《がつ》
10月《がつ》
11月《がつ》
12月《がつ》

●グラフの水温《すいおん》は，日中《にっちゅう》，７時間《じかん》ぐらい日《ひ》のあたる，水深《すいしん》30cm前後《ぜんご》の池《いけ》が基準《きじゅん》になっています。そして，夜間《やかん》の低《ひく》いときの平均水温《へいきんすいおん》です。また，日《ひ》の出《で》まえの30分《ぷん》と日《ひ》の入《い》り後《ご》の30分《ぷん》は明《あか》るいので，この時間《じかん》を日照時間《にっしょうじかん》にくわえています。

成長《せいちょう》したメスは条件《じょうけん》がよければ、一年《ねん》のうち、約《やく》百《ひゃく》五十日《にち》間《かん》もたまごをうみつづけます。一日《にち》に三十つぶうむとして、四千《せん》五百《ひゃく》つぶです。

でも、たまごが親《おや》のメダカに食《た》べられたり、稚魚《ちぎょ》になってからも天敵《てんてき》が多《おお》いので、どんどんメダカがふえることはありません。また、水《すい》そうで飼《か》うと四～五年《ねん》は生《い》きていますが、自然状《しぜんじょう》態《たい》では一～二年《ねん》の寿命《じゅみょう》と思《おも》われます。

では、メダカの一年《ねん》のくらしを、繁殖期間《はんしょくきかん》のこともまじえてふりかえってみましょう。

●メダカの繁殖期《はんしょくき》は、日照時間《にっしょうじかん》と最低水温《さいていすいおん》できまる

成長《せいちょう》したメダカは、太陽《たいよう》のでている昼《ひる》の時間《じかん》(日照時間《にっしょうじかん》)が十三時間以上《じかんいじょう》で、最低水温《さいていすいおん》が十五度以上《どいじょう》の日《ひ》がつづくようになると、繁殖期《はんしょくき》にはいります。

上《うえ》のグラフを見《み》ると、三月中旬《がつちゅうじゅん》ごろに、日照時間《にっしょうじかん》が十三時間《じかん》となりますが、水温《すいおん》はまだ十度前後《どぜんご》です。四月《がつ》の中旬《ちゅうじゅん》にならないと、水温《すいおん》は十五度《ど》をこしません。だから、繁殖《はんしょく》期間《きかん》は、四月中旬《がつちゅうじゅん》ごろからはじまることがわかります。

いっぽう、十月《がつ》をすぎると、水温《すいおん》は高《たか》いけれど日照時間《にっしょうじかん》がたりません。日照時間《にっしょうじかん》と最低水温《さいていすいおん》の、どちらか一方《いっぽう》でも条件《じょうけん》をみたさないと、メダカは産卵《さんらん》をしません。

4月《がつ》・上旬《じょうじゅん》になるとえ・さ・をよく食《た》べはじめる。めすのおなかにたまごができはじめる。中旬《ちゅうじゅん》には、産卵《さんらん》がはじまる。

5月《がつ》・上旬《じょうじゅん》には四分《ぶん》の一ぐらいのめすが産卵《さんらん》。中旬《ちゅうじゅん》には、稚魚《ちぎょ》がうまれ、群《む》れをつくりはじめる。

6月《がつ》・梅雨《つゆ》の季節《きせつ》。田植《たう》えがはじまる。水温《すいおん》はそれほどさがらないが，プランクトンの発生《はっせい》が少《すく》なくなる。

7月《がつ》・繁殖《はんしょく》がもっともさかんになる。成長《せいちょう》しためすのほとんどが，産卵《さんらん》をする。天敵《てんてき》のヤゴが，少《すく》なくなる。水中《すいちゅう》のえさも多《おお》い。

8月《がつ》・群《む》れをつくる稚魚《ちぎょ》の姿《すがた》が、よくめだつようになる。二センチメートルくらいの幼魚《ようぎょ》も多《おお》い。

9月《がつ》・水量《すいりょう》が少《すく》なくなるところが多《おお》い。たんぼで、鳥《とり》のえ・じ・き・になるメダカがでるのも、この時期《じき》。

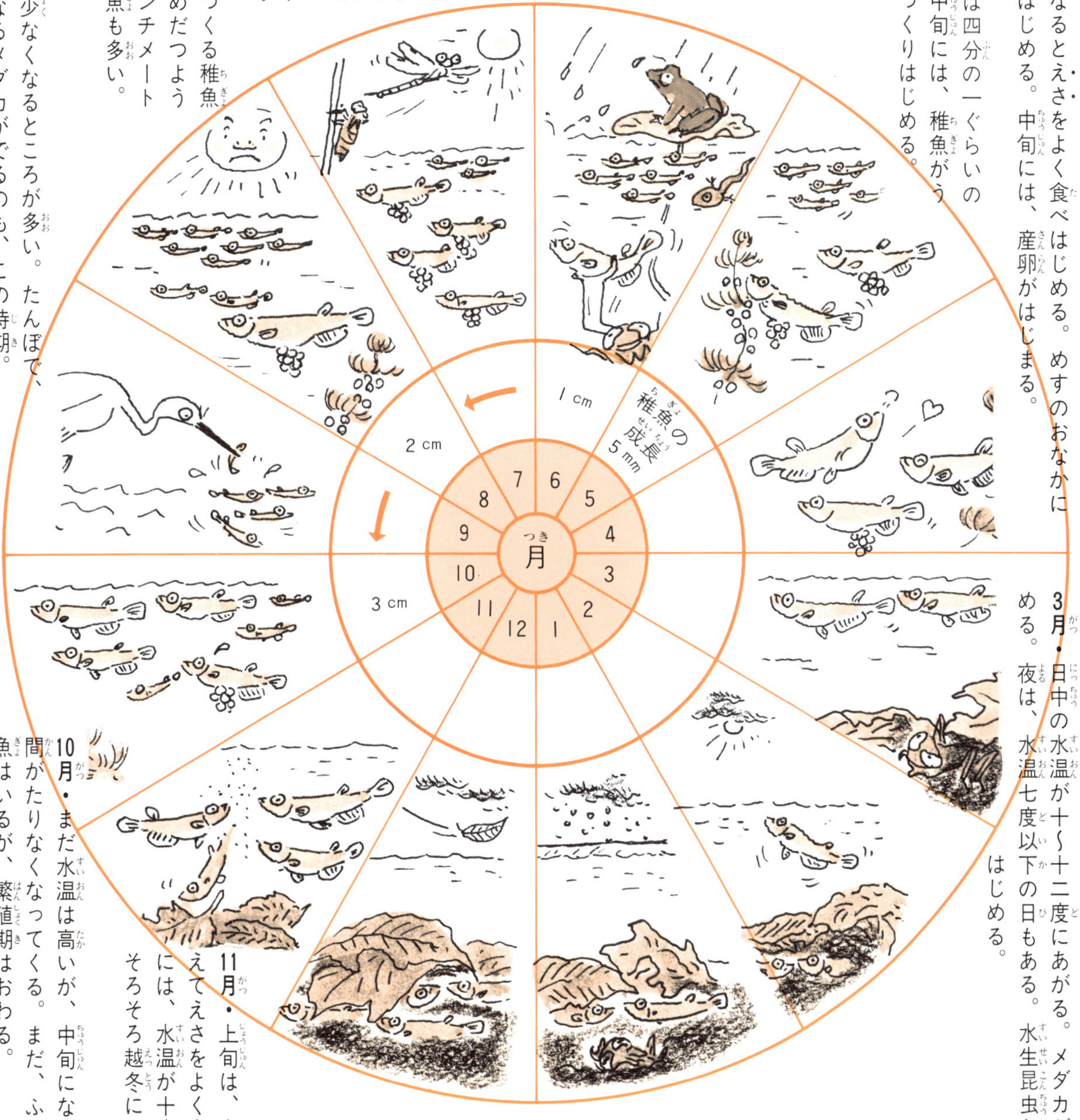

稚魚《ちぎょ》の成長《せいちょう》
5 mm
1 cm
2 cm
3 cm
月《つき》
1
2
3
4
5
6
7
8
9
10
11
12

10月《がつ》・まだ水温《すいおん》は高《たか》いが、中旬《ちゅうじゅん》になると、日照時《にっしょうじ》間《かん》がたりなくなってくる。まだ、ふ化《か》してくる稚《ち》魚《ぎょ》はいるが、繁殖期《はんしょくき》はおわる。

11月《がつ》・上旬《じょうじゅん》は、冬《ふゆ》ごしにそなえてえさをよく食《た》べる。下旬《げじゅん》には、水温《すいおん》が十度《ど》前後《ぜんご》になり、そろそろ越冬《えっとう》にはいる。

12月《がつ》・1月《がつ》・2月《がつ》・水底《すいてい》で冬《ふゆ》ごしちゅう。天気《てんき》のよい日《にっ》中《ちゅう》に，水温《すいおん》があがれば，水面《すいめん》に姿《すがた》をみせることもある。天敵《てんてき》の水生昆虫《すいせいこんちゅう》たちも，冬《ふゆ》ごしちゅうなので，安心《あんしん》して休《やす》むことができる。

3月《がつ》・日中《にっちゅう》の水温《すいおん》が十〜十二度《ど》にあがる。メダカが活動《かつどう》しはじめる。夜《よる》は、水温《すいおん》七度《ど》以下《いか》の日《ひ》もある。水生昆虫《すいせいこんちゅう》たちも活動《かつどう》しはじめる。

いま、みなさんがすんでいる近所《きんじょ》に、メダカたちがおよぎ、カエルたちの大合唱《だいがっしょう》のきこえてくるような、そんな小川《おがわ》や水田《すいでん》はのこっていますか。

このような場所《ばしょ》は、さまざまな生《い》きものがすみついていて、豊《ゆた》かな自然《しぜん》といえます。そこでは、生《い》きものたちが、食《た》べたり食《た》べられたりしながら、全体《ぜんたい》のバランスをたもっています。このような関係《かんけい》を食物連鎖《しょくもつれんさ》といいます。

池《いけ》や小川《おがわ》の食物連鎖《しょくもつれんさ》を基礎《きそ》でささえているのは、植物《しょくぶつ》プランクトンです。植物《しょくぶつ》プランクトンは、動物《どうぶつ》プランクトンに食《た》べられます。動物《どうぶつ》プランクトンはメダカに食《た》べられ、メダカは水生昆虫《すいせいこんちゅう》や鳥《とり》などに食《た》べられます。

でも、弱《よわ》い生《い》きものが、一方的《いっぽうてき》に強《つよ》い生《い》きものに食《た》べられるわけではありません。メダカなどは、天敵《てんてき》に食《た》べられてへる分《ぶん》をみこして、たくさんたまごをうみます。

また、メダカにとって寄生虫《きせいちゅう》のイカリムシや水生昆虫《すいせいこんちゅう》はおそろしい天敵《てんてき》ですが、これらの天敵《てんてき》がたまごや幼虫《ようちゅう》のときは、ぎゃくにメダカたちに食《た》べられています。

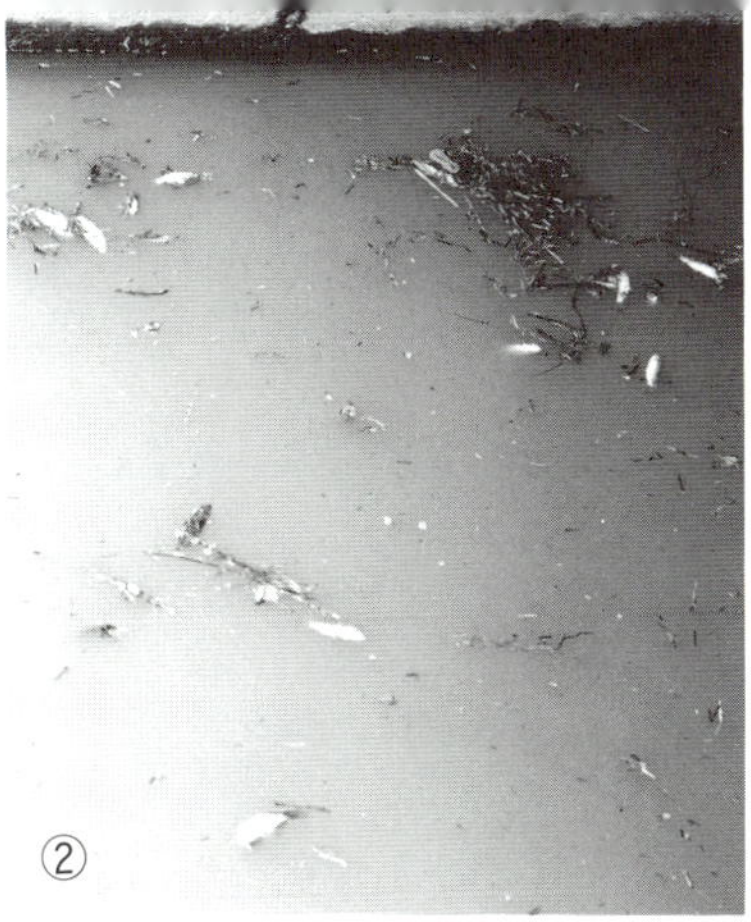

①いつも水《みず》がかれることのない流《なが》れのゆるやかな小川《おがわ》。メダカやフナ，ドジョウ，オタマジャクシ，水生昆虫《すいせいこんちゅう》たちが，バランスをたもちながらくらしています。②護岸工事《ごがんこうじ》のときに死《し》んでしまったフナ。③三面《さんめん》コンクリートの用水路《ようすいろ》にかわった小川《おがわ》。生《い》きものたちの姿《すがた》は，ほとんどみあたりません。

こうして、全体《ぜんたい》では、どちらか一方《いっぽう》が欠《か》けても、自然界《しぜんかい》のバランスはくずれてしまいます。

水田《すいでん》が、自然《しぜん》の一部《いちぶ》としてつかわれていたときは、メダカにとって、そこはすみよい場所《ばしょ》で、どんどんすみかを広《ひろ》げていきました。でも、農業《のうぎょう》を効率《こうりつ》よくおこなうために農薬《のうやく》をたくさんつかったり、水路《すいろ》をコンクリート化《か》するようになってから、メダカをはじめ、多《おお》くの生《い》きものが姿《すがた》をけしています。また、開発《かいはつ》で池《いけ》や沼《ぬま》がうめたてられ、年《ねん》ねん、生《い》きもののすみかがうばわれています。

生《い》きものがいなくなった環境《かんきょう》が、人間《にんげん》にまったく影響《えいきょう》がないとは、だれもいいきることはできません。

■奇形《きけい》メダカ

あるため池《いけ》にかぎり，下《した》の写真《しゃしん》のようにからだの変形《へんけい》したメダカが，毎年発生《まいとしはっせい》します。その数《かず》は全体《ぜんたい》の５～10％をしめます。

この池《いけ》では，農家《のうか》の人《ひと》たちが，農具《のうぐ》や収穫《しゅうかく》した野菜《やさい》をあらったりするのにつかい，いつも水《みず》がよごれてにごっています。

この奇形《きけい》メダカは，突然変異《とつぜんへんい》で骨《ほね》が変形《へんけい》して，それが遺伝《いでん》したものか，農薬《のうやく》や洗剤《せんざい》による水質汚染《すいしつおせん》によるものか，よくわかりません。しかし，この池《いけ》にだけ多《おお》くみられるということは，ここの環境《かんきょう》となんらかの関係《かんけい》があるものと思《おも》われます。

＊メダカの飼育《しいく》と観察《かんさつ》

メダカは、バケツでも、かめの中《なか》でも飼《か》うことができます。しかし、メダカを観察《かんさつ》したいなら、大《おお》きなガラスの水《すい》そうで飼《か》うにかぎります。いままでみてきたメダカのくらしを参考《さんこう》にしながら、産卵《さんらん》やふ化《か》を観察《かんさつ》してみましょう。

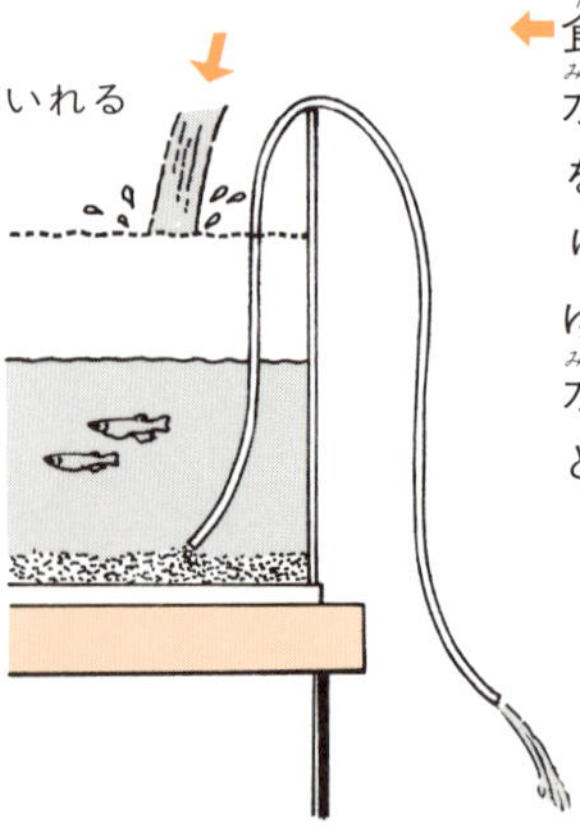

食《た》べのこしのえさや，ふんなどのよごれが水《みず》の底《そこ》にたまったら，細《ほそ》いビニールホースをつかって，水《みず》といっしょにすいだしてやります。そして，すてた水《みず》と同《おな》じ量《りょう》の水《みず》を，ゆっくりといれてやります。なお，水道《すいどう》の水《みず》は，一晩《ひとばん》ためておくか中和剤《ちゅうわざい》をいれないと，すぐにはつかえません。

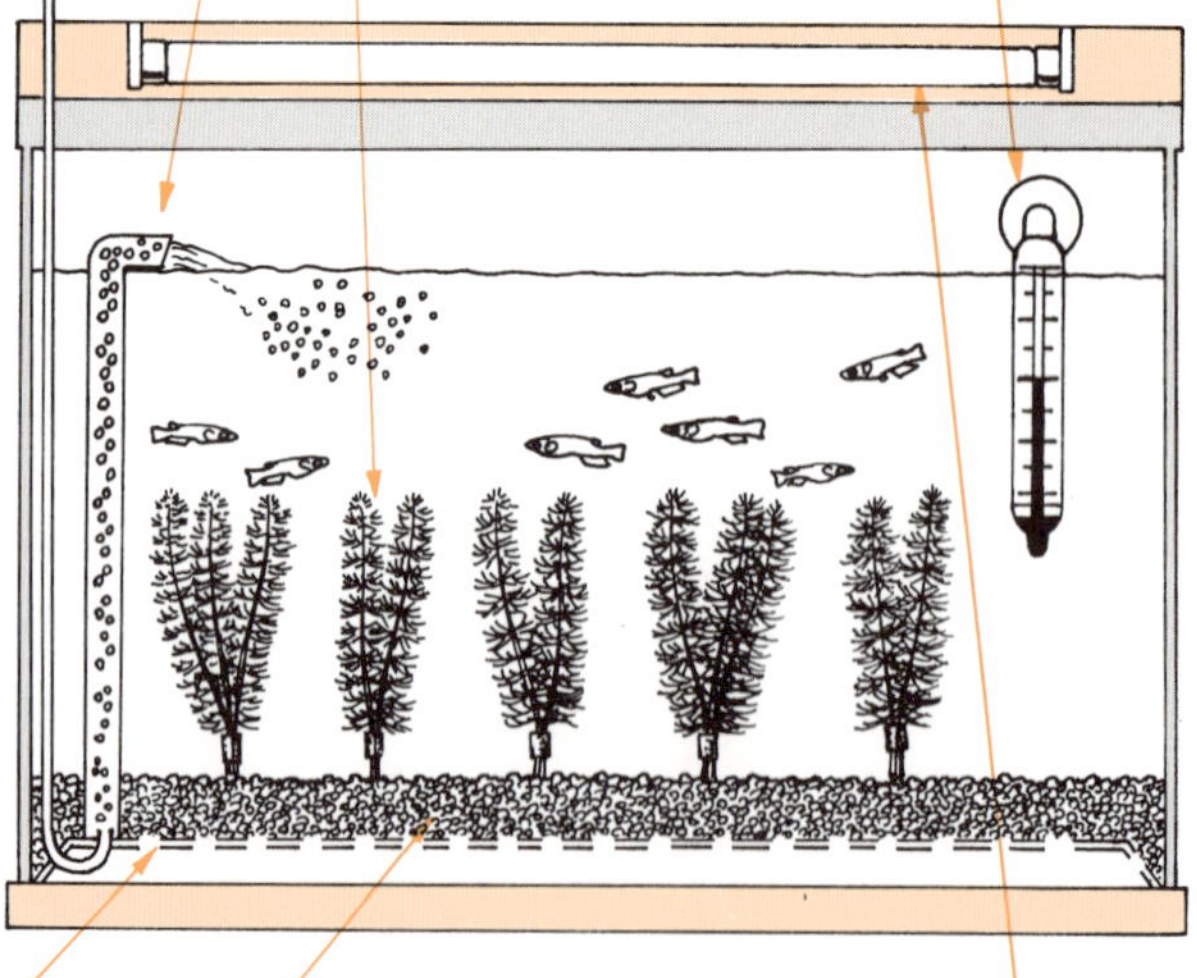

●**水草《みずくさ》**　２～３本《ぼん》たばね，根《ね》もとにつりにつかう板《いた》おもりをまいて，うきあがらないようにします。

●**エアリフト**　酸素《さんそ》をおくるパイプ。

●**水温計《すいおんけい》**　水温《すいおん》を調整《ちょうせつ》するときに，かならず必要《ひつよう》なものです。ガラスにすいつけるキスゴムは，水面《すいめん》すれすれにつけておきます。こうすれば，水《みず》が蒸発《じょうはつ》してへってもわかります。水《みず》がへったらたします。

●**エアポンプ**　水面《すいめん》より高《たか》いところにおきます。低《ひく》いところにおくと、停電《ていでん》や故障《こしょう》でポンプがとまったとき、エアホースに水《みず》が逆流《ぎゃくりゅう》して、感電《かんでん》などのきけんがあるからです。

●**川砂《かわすな》や砂利《じゃり》**　３～５cmの厚《あつ》さにしく。

●**底面《ていめん》フィルター**　水《みず》をきれいにろ化《か》するとともに，水中《すいちゅう》に酸素《さんそ》をおくります。ときどき，このフィルターをあらえば，水《すい》そうの水《みず》はいつもきれいです。

●**蛍光燈《けいこうとう》**　水草《みずくさ》や藻《も》をふやし，たりなくなりがちの日照時間《にっしょうじかん》をおぎないます。また水《すい》そう観察《かんさつ》のときの照明《しょうめい》にもなります。

■メダカの採集《さいしゅう》ともっていく道具《どうぐ》

メダカがおよぐ前方《ぜんぽう》から，目《め》のこまかなあみですばやくすくいとるのが，メダカ採集《さいしゅう》のこつです。観察《かんさつ》には，親《おや》メダカのおすを３びき，めすを７ひきも採集《さいしゅう》すればじゅうぶんです。たくさんいても，必要以上《ひつよういじょう》にもちかえらないで，あとはにがしてやりましょう。

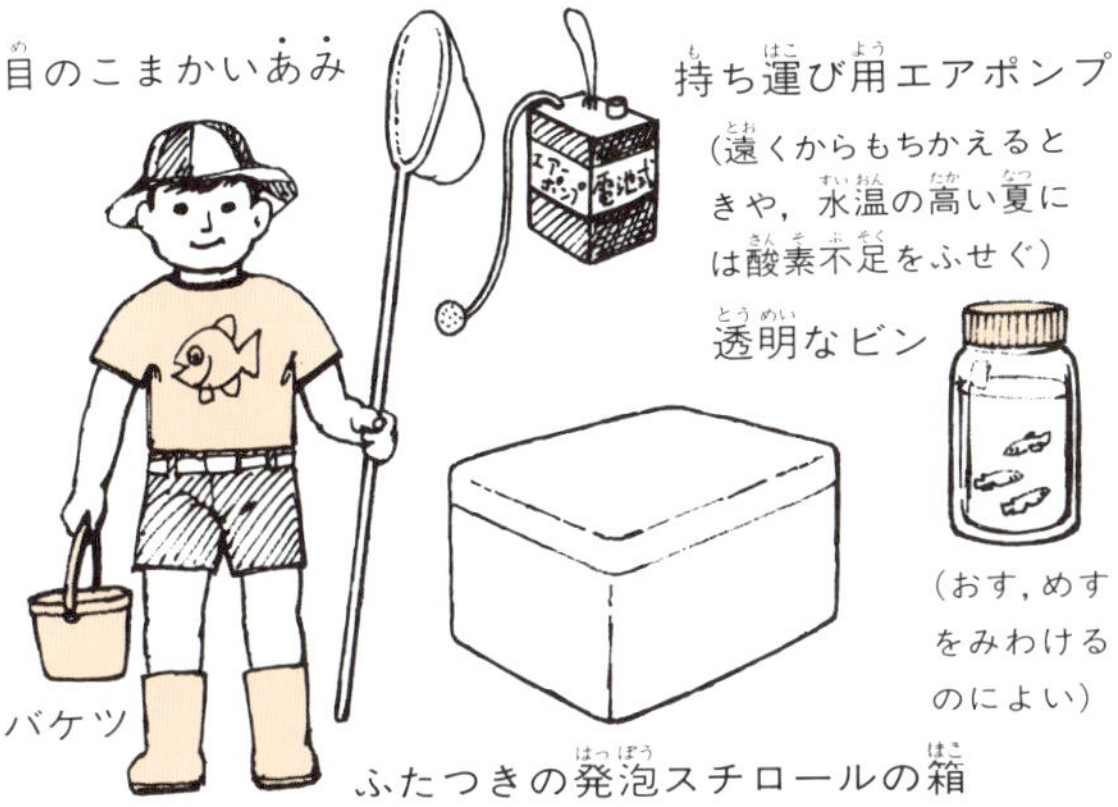
目《め》のこまかいあみ
持《も》ち運《はこ》び用《よう》エアポンプ
(遠《とお》くからもちかえるときや，水温《すいおん》の高《たか》い夏《なつ》には酸素不足《さんそぶそく》をふせぐ)
透明《とうめい》なビン
(おす，めすをみわけるのによい)
バケツ
ふたつきの発泡《はっぽう》スチロールの箱《はこ》
(車《くるま》で採集《さいしゅう》にいくときは，水《みず》がこぼれなくて，温度《おんど》も変化《へんか》しにくいのでよい)

●ヒーターは魚《さかな》をいれるまえにテストしよう

ヒーターをはじめてつかうときは、説明書《せつめいしょ》をよくよんで、かならずテストをしてください。

ヒーターとサーモスタットをセットし、サーモスタットのつまみを右《みぎ》にまわすと、ランプがつきます。ランプがついているときは保温中《ほおんちゅう》です。ランプがきえたときが、水《すい》そうの水温《すいおん》です。水温計《すいおんけい》を見《み》ながら、サーモスタットのつまみを少《すこ》しずつ右《みぎ》にまわして、たもちたい水温《すいおん》でランプがきえるように調整《ちょうせい》します。水温《すいおん》があがりすぎたときは、つまみを左《ひだり》にまわせば水温《すいおん》はさがります。

つかわないときは、電源《でんげん》をぬいてください。

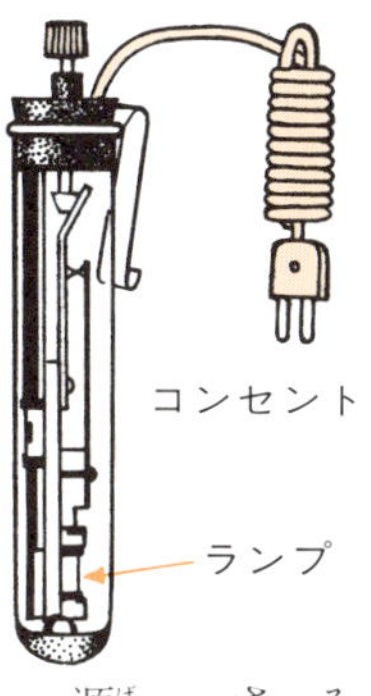
サーモスタット
コンセント
ランプ

●水《すい》そうにうつすときは水温《すいおん》に注意《ちゅうい》

採集《さいしゅう》したり、買《か》ってきたメダカを、いきなり水《すい》そうにいれるのはよくありません。環境《かんきょう》の変化《へんか》に強《つよ》いメダカでも、水温《すいおん》が三度《ど》以上《いじょう》ちがうところにいきなりいれたら、弱《よわ》ってしまいます。

まず、メダカと水《みず》を、左《ひだり》の上《うえ》の図《ず》のように大《おお》きめのビニールぶくろにいれ、さらに、水《すい》そうの水《みず》を、ビニールぶくろにはいっている水《みず》の分《ぶん》だけすてます。そして、ビニールぶくろの口《くち》を、輪《わ》ゴムでとめて、下《した》の図《ず》のように水《すい》そうにいれます。

こうすれば、ゆっくりと水《すい》そうの水温《すいおん》と同《おな》じになるので、メダカが弱《よわ》ることはありません。

ヒーターをつかっている場合《ばあい》は、上《うえ》の図《ず》のようなビニールぶくろをいれると、水《すい》そうの水温《すいおん》がさがり、サーモスタットのランプがつきます。ランプがきえれば、同《おな》じ水温《すいおん》になったということですから、ふくろの口《くち》をあけて、ゆっくりと横《よこ》にして、ふくろだけをとりだします。

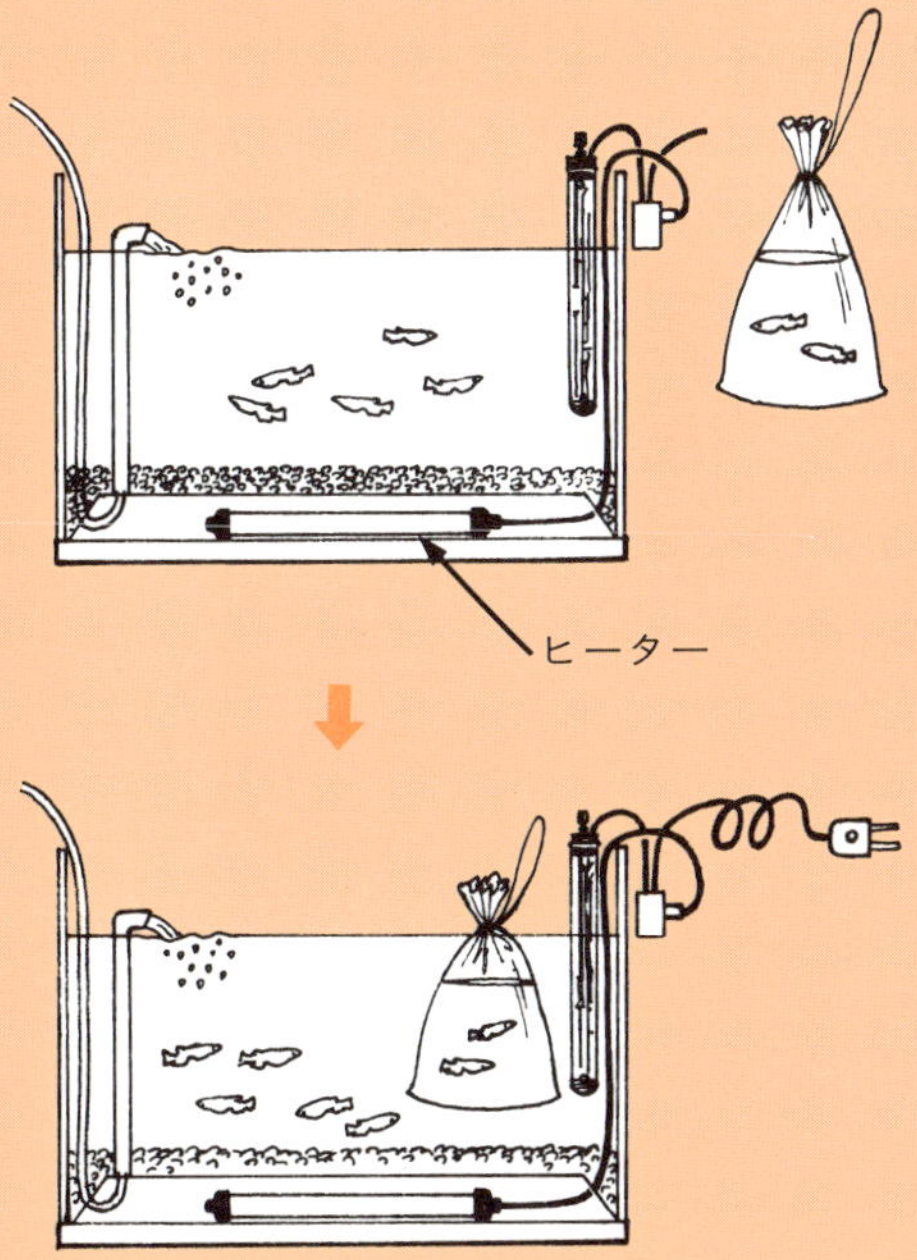
ヒーター

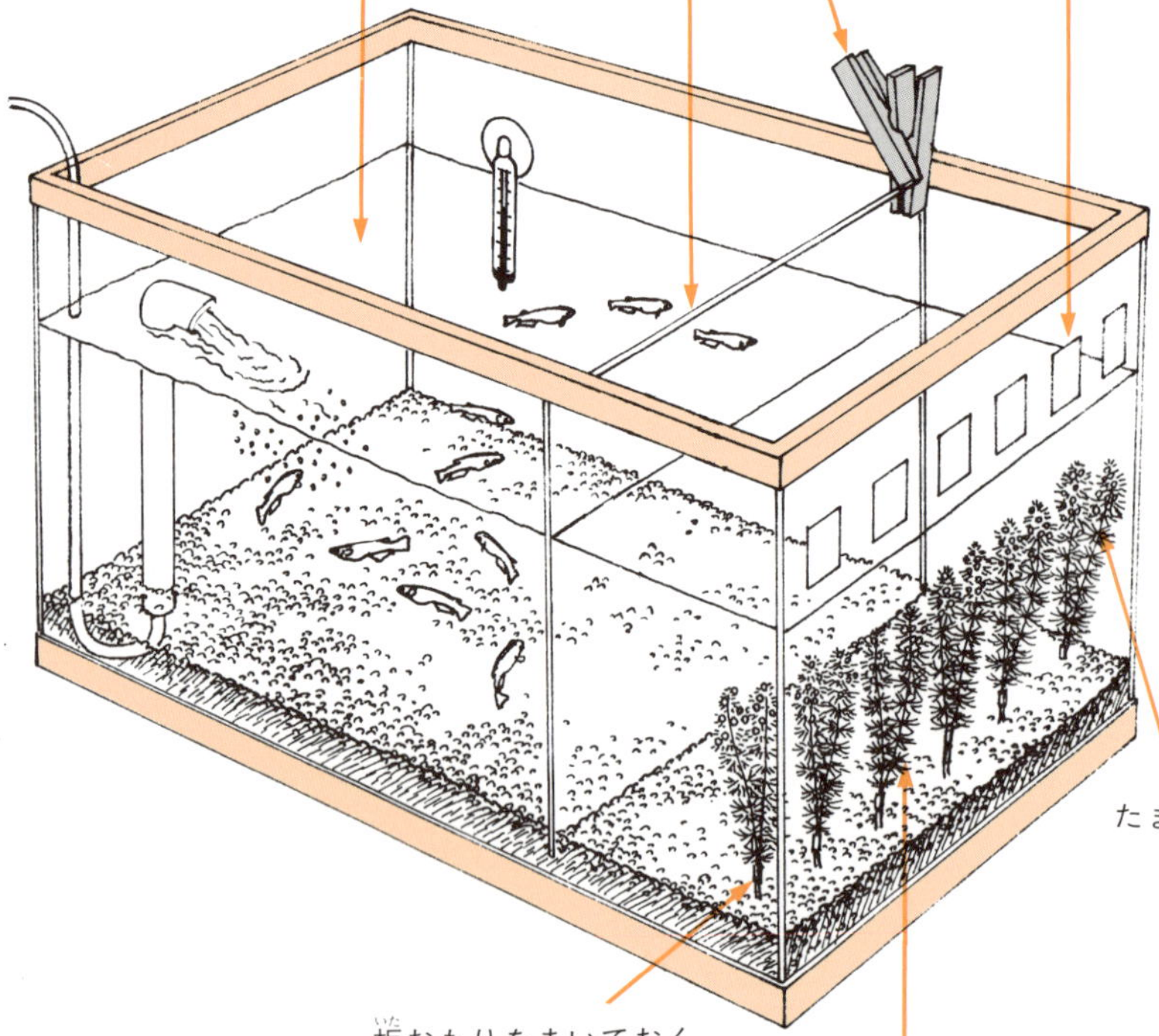

親《おや》のメダカ
せんたくばさみなどでとめる。
しきり
産卵日《さんらんび》の日付《ひづ》けラベル
たまご
板《いた》おもりをまいておく。
たまごをつける水草《みずくさ》は，ガラスよりにいれておく。

メダカの産卵《さんらん》は、早朝《そうちょう》の三時《じ》から五時《じ》ごろにおこなわれます。おすがめすの下《した》で舞《ま》いはじめたら、産卵《さんらん》の前《まえ》ぶれです。メダカをおどろかさないように、観察《かんさつ》しましょう。

●観察《かんさつ》するたまごの採集方法《さいしゅうほうほう》

おなかにたまごをつけたメダカを、小《ち》さなあみですくいます。

それから、メダカがあみからとびだしてもだいじょうぶなように、水《すい》そうの上《うえ》でたまごの採集《さいしゅう》をします。

メダカをきずつけないように気《き》をつけて、ピンセットで、腹《はら》とたまごのあいだをおさえます。メダカがはねて、かんたんにたまごがとれます。

たまごのからはじょうぶなので、つぶす心配《しんぱい》はありません。

なお、たまごは、親《おや》といっしょの水《すい》そうにいれておくと、食《た》べられてしまうことがあります。かならず上《うえ》の図《ず》のように、別《べつ》にしましょう。

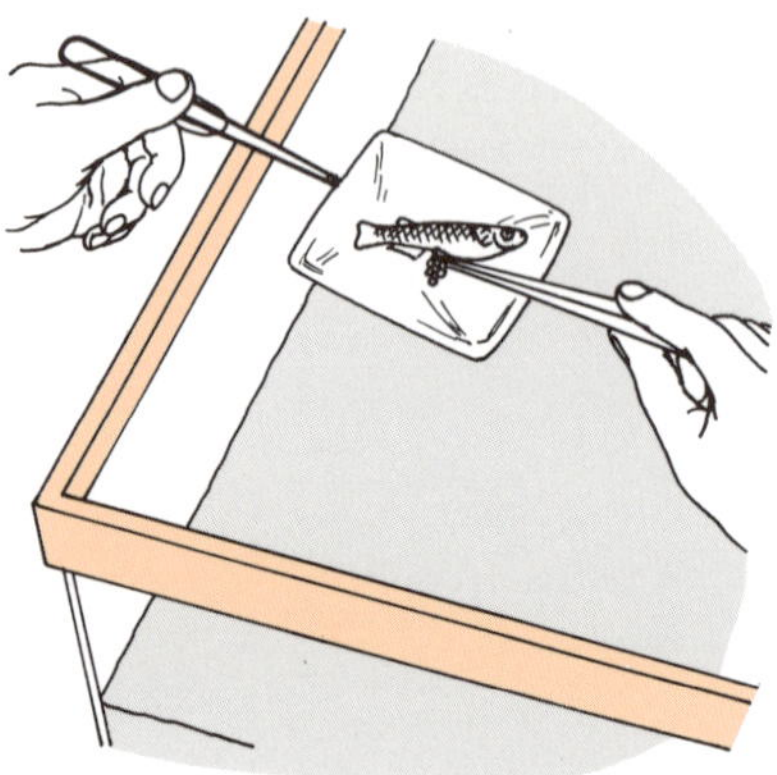

⬆腹《はら》とたまごのあいだをピンセットでおさえればとれます。

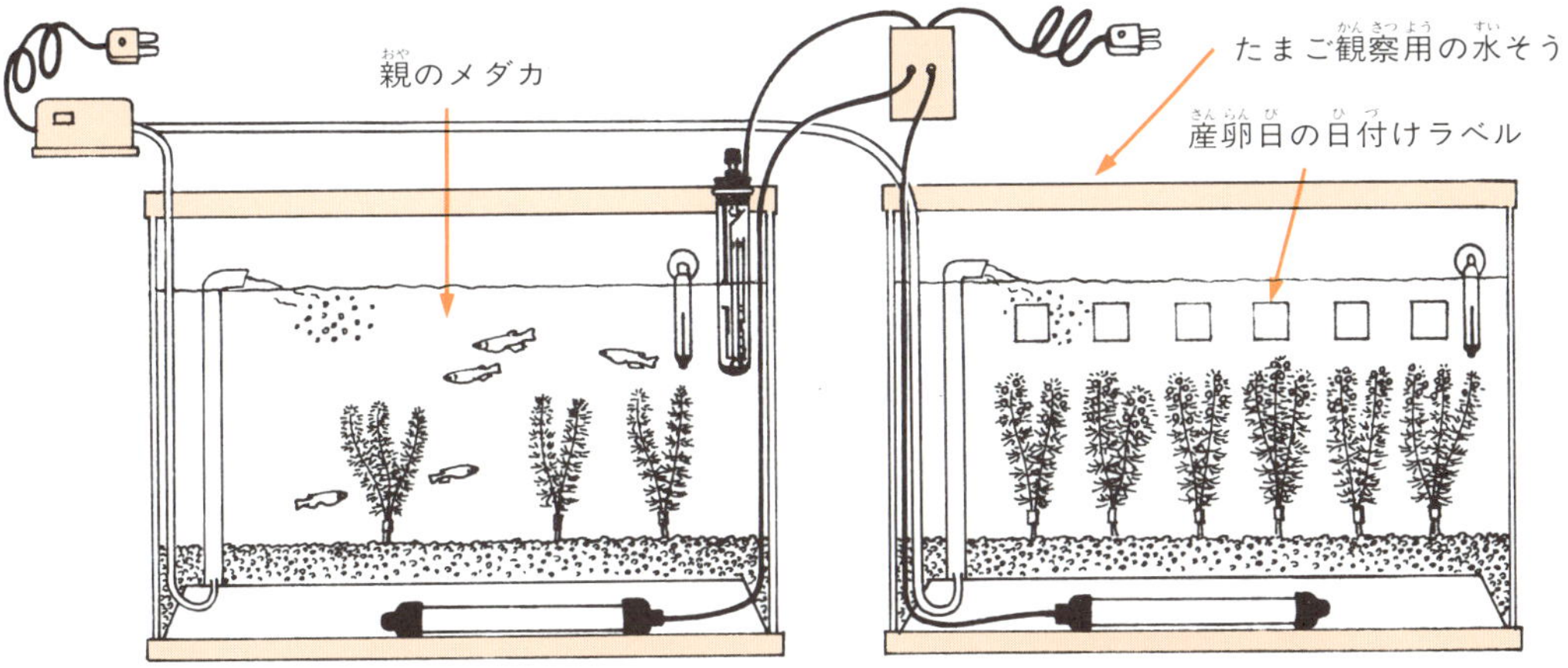

親《おや》のメダカ
たまご観察用《かんさつよう》の水《すい》そう
産卵日《さんらんび》の日付《ひづ》けラベル

たまごは、親《おや》と別《べつ》の水《すい》そうでふ・化《か》させる方法《ほうほう》があります。毎日《まいにち》つづけてたまごをとれば、成長《せいちょう》のちがいもわかります。

⬆２つの水《すい》そうの水温《すいおん》を同《おな》じにします。サーモスタットは１本《ぽん》で，ヒーター２本《ほん》がつかえます。たまごをからみつけた水草《みずくさ》は，ガラスのちかくにならべると，観察《かんさつ》がしやすいです。

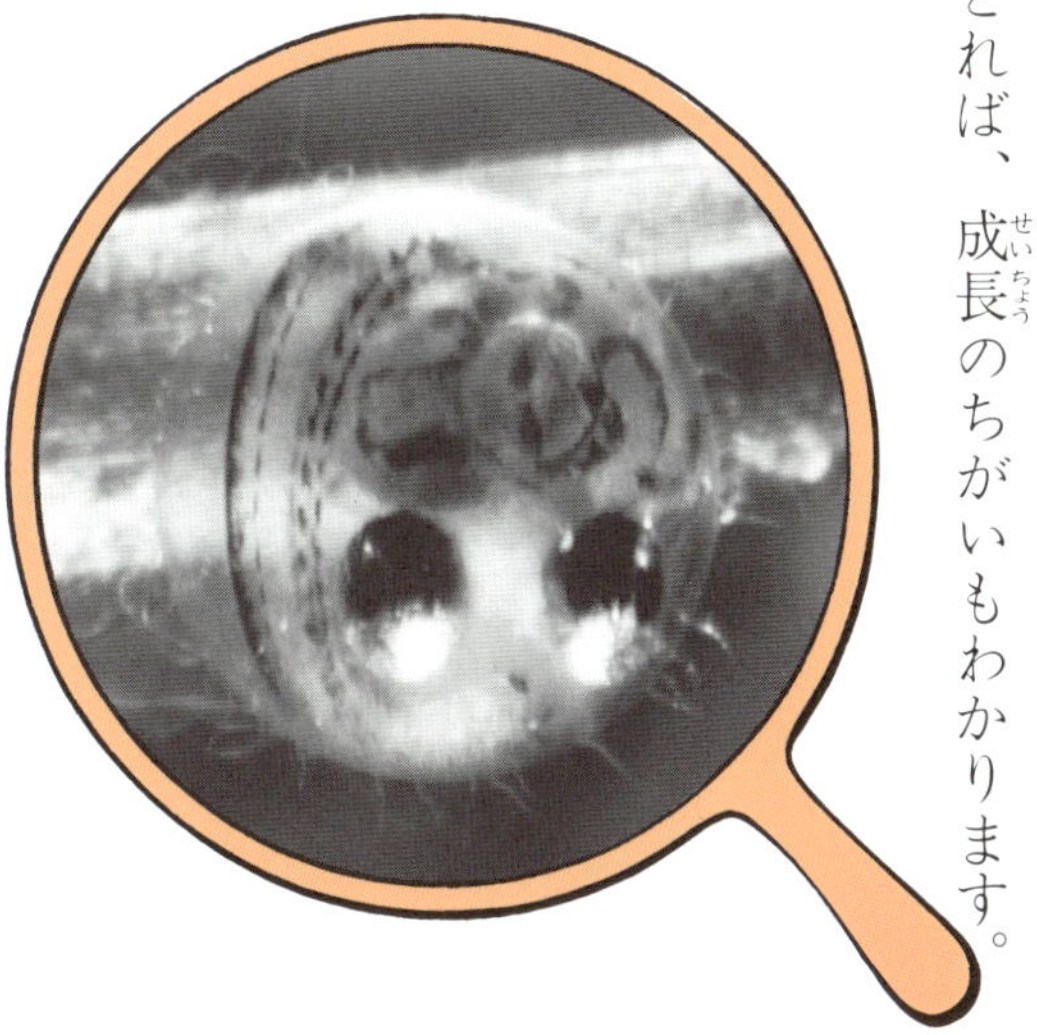

➡たまごは毎日《まいにち》，かならず観察《かんさつ》します。その日《ひ》見《み》たたまごの形《かたち》を，かきとめておきましょう。なお，たまごが死《し》ぬと，カビが発生《はっせい》します。それがとなりのたまごにうつり，つぎつぎとたまごを死《し》なせてしまいます。カビたたまごをみつけたら，はやめにピンセットでとりのぞきましょう。

●メダカのえさ

アオミドロや水《みず》ゴケのついた石《いし》、水《みず》草《くさ》をいれてやると、とくに稚魚《ちぎょ》がよろこびます。

親《おや》がよろこぶのは、ミジンコ、アカムシ、イトミミズ、ボウフラなどの、生《い》きたえさです。金魚《きんぎょ》や熱帯魚用《ねったいぎょよう》のえさや、乾燥《かんそう》ミジンコも食《た》べます。

どのえさも、毎日《まいにち》、少《すこ》しずつあたえるようにします。食《た》べのこすほどあたえると、水《みず》をよごします。

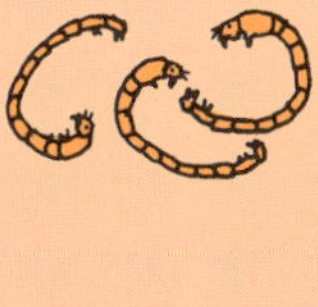
アカムシ

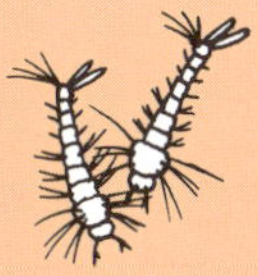
ボウフラ

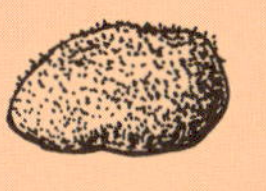
水《みず》ゴケのついた石《いし》

ミジンコ

イトミミズ

かんそう
ミジンコ

店《みせ》で売《う》っている乾燥《かんそう》ミジンコ

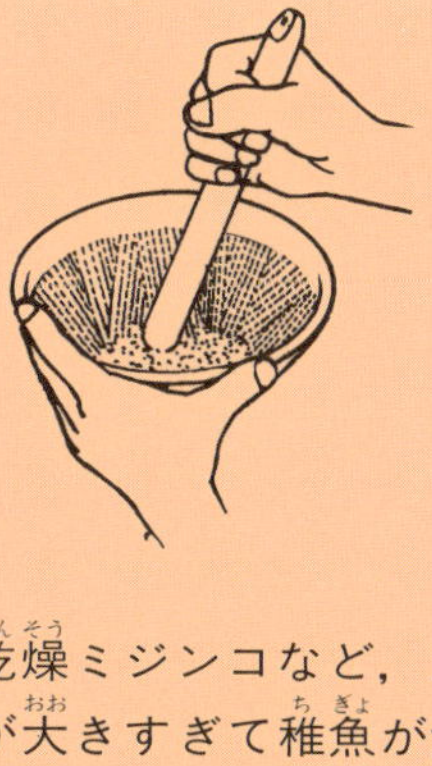

⬆乾燥《かんそう》ミジンコなど，えさが大《おお》きすぎて稚魚《ちぎょ》が食《た》べにくそうなときは，すりばちですり，こなにしてあたえます。

あとがき

メダカは水《すい》そうでもかんたんに飼《か》えるし、水温《すいおん》や日照時間《にっしょうじかん》を調整《ちょうせい》してやれば、一年《ねん》中《じゅう》産卵《さんらん》するので、求愛行動《きゅうあいこうどう》や産卵《さんらん》、たまごの発育《はついく》など、メダカのくらしの大半《たいはん》の写真《しゃしん》は、いつでもかんたんに撮《と》れるものと思《おも》っていました。

ところがある日《ひ》、池《いけ》でメダカの群《む》れを見《み》ていると、水面《すいめん》をとびはねたり、水中《すいちゅう》をくるったように、くるくると回転《かいてん》をするメダカの姿《すがた》をみかけました。

「メダカが水面《すいめん》をはねる？　これはぜったいに写真《しゃしん》に撮《と》りたい！」

見《み》ているときは、あそこではねた、こっちで回転《かいてん》している、と見《み》えますが、いざ、実際《じっさい》にカメラをかまえて、ファインダーの小《ち》さな画面《がめん》の中《なか》で、メダカの一瞬《いっしゅん》の行動《こうどう》を見《み》ることは容易《ようい》なことではありませんでした。広《ひろ》い水面《すいめん》の中《なか》で、つぎは、いつどの辺《へん》ではねるのか、まるでけんとうもつきません。

ピントはあわず、シャッターチャンスはおくれ、失敗《しっぱい》の連続《れんぞく》でした。

何百枚《なんびゃくまい》ものフィルムを失敗《しっぱい》し、いろいろとくふうをかさねて、やっと一枚《まい》のまともな写真《しゃしん》が撮《と》れたときには、すでに五年《ねん》の歳月《さいげつ》がすぎさっていました。

かんたんに撮《と》れると思《おも》っていたメダカのくらしでしたが、まだまだ、これからもおもしろい行動《こうどう》を、メダカたちは見《み》せてくれると思《おも》います。そして、その姿《すがた》を撮《と》りつづけていきたいと思《おも》います。それにしても、開発《かいはつ》や護岸工事《ごがんこうじ》などで、年《ねん》ねんメダカたちがすむ小川《おがわ》や池《いけ》がきえていくのは、さびしいことです。

草野慎二《くさのしんじ》

（一九八七年五月）

NDC487
草野慎二
科学のアルバム 動物・鳥 18
メダカのくらし

あかね書房 2005
54P 23×19cm

科学のアルバム

メダカのくらし

一九八七年五月初版
二〇〇五年四月新装版第一刷
二〇二四年七月新装版第一六刷

著者 草野慎二

発行者 岡本光晴
発行所 株式会社 あかね書房
〒一〇一-〇〇六五
東京都千代田区西神田三-二-一
電話〇三-三二六三-〇六四一（代表）
ホームページ https://www.akaneshobo.co.jp
印刷所 株式会社 精興社
写植所 株式会社 田下フォト・タイプ
製本所 株式会社 難波製本

ISBN978-4-251-03393-2
定価は裏表紙に表示してあります。
落丁本・乱丁本はおとりかえいたします。

○表紙写真
・水草《みずくさ》のあいだをおよぐメダカ
上《うえ》2ひきはおす、下《した》はめす

○裏表紙写真（上から）
・稚魚《ちぎょ》と親《おや》
・ふ化《か》直前《ちょくぜん》のたまご
・目《め》より上《うえ》についているメダカの口《くち》

○扉写真
・水草《みずくさ》にたまごをうみつける、
めすのメダカ

○目次写真
・おなかにたまごをつけて
およぐめすのメダカ

科学のアルバム

全国学校図書館協議会選定図書・基本図書
サンケイ児童出版文化賞大賞受賞

虫

- モンシロチョウ
- アリの世界
- カブトムシ
- アカトンボの一生
- セミの一生
- アゲハチョウ
- ミツバチのふしぎ
- トノサマバッタ
- クモのひみつ
- カマキリのかんさつ
- 鳴く虫の世界
- カイコ まゆからまゆまで
- テントウムシ
- クワガタムシ
- ホタル 光のひみつ
- 高山チョウのくらし
- 昆虫のふしぎ 色と形のひみつ
- ギフチョウ
- 水生昆虫のひみつ

植物

- アサガオ たねからたねまで
- 食虫植物のひみつ
- ヒマワリのかんさつ
- イネの一生
- 高山植物の一年
- サクラの一年
- ヘチマのかんさつ
- サボテンのふしぎ
- キノコの世界
- たねのゆくえ
- コケの世界
- ジャガイモ
- 植物は動いている
- 水草のひみつ
- 紅葉のふしぎ
- ムギの一生
- ドングリ
- 花の色のふしぎ

動物・鳥

- カエルのたんじょう
- カニのくらし
- ツバメのくらし
- サンゴ礁の世界
- たまごのひみつ
- カタツムリ
- モリアオガエル
- フクロウ
- シカのくらし
- カラスのくらし
- ヘビとトカゲ
- キツツキの森
- 森のキタキツネ
- サケのたんじょう
- コウモリ
- ハヤブサの四季
- カメのくらし
- メダカのくらし
- ヤマネのくらし
- ヤドカリ

天文・地学

- 月をみよう
- 雲と天気
- 星の一生
- きょうりゅう
- 太陽のふしぎ
- 星座をさがそう
- 惑星をみよう
- しょうにゅうどう探検
- 雪の一生
- 火山は生きている
- 水 めぐる水のひみつ
- 塩 海からきた宝石
- 氷の世界
- 鉱物 地底からのたより
- 砂漠の世界
- 流れ星・隕石